진정한 농사꾼은
농사를 짓지 않는다

이태형 지음

진정한 농사꾼은 농사를 짓지 않는다

🍒 날라리농부의 체리 재배에 관한 이야기

좋은땅

머리말

옛날에 그런 말을 많이 했다고 합니다. 도시 생활 힘들면 시골에 가서 농사나 짓습니다. 그런 말이 지금은 통하지 않는 시대입니다. 비빌 언덕이 있어야 하고 많이 공부해야 하고 어떤 작목을 선택할지 고민해야 하고 그 작물의 특성을 알아야 합니다.

작게 시작하더라도 내가 선택한 작물의 특성을 모르면 무조건 실패한 농업인이 되는 힘든 과정을 거쳐야 합니다. 이 책에는 그런 위험성을 줄여 보려고 본인이 22년간 재배해 보고 정립하였습니다. 많은 분들이 읽고 참고하여 참 농사꾼이 되길 바라는 마음으로 여기에 기술하니 농사짓는 데 조금이나마 보탬이 되길 바라는 마음입니다.

농업을 인생에 가장 큰 선물로 받아들이고 참된 농사꾼이 되려고 무던히 노력했지만 농업이란 게 절대 쉬운 게 아니었습니다. 농사를 짓기 위해서 시작한 공부가 농사를 쉽게 짓게 만들고 마음과 생활이 풍요로워지는 걸 보고 농사꾼은 농사만 지어서는 안 된다는 것을 알았습니다.

'농사꾼이 농사를 짓는 게 아니고 공부를 하여 농업에 대해서 아는

게 더 중요하구나!'
 '알고 하는 농사는 성공할 수 있지만 모르고 하는 농사는 실패할 수밖에 없구나!'

 이번 책에서 체리에 관해 아는 한 최대한 설명하였습니다. 아직도 부족한 분야가 많습니다. 더 많이 공부하고 더 쉽게 지을 수 있는 농사꾼이 되기 위해 저는 오늘도 달려가겠습니다.

진정한 농사꾼은 농사를 짓지 않는다는 말이 생각나는 어느 날
날라리농부 이태형 드림

목차

머리말 ·· 4
책을 시작하며 ·· 12

🍒 월급 받는 농부가 되자　　　　15

🍒 새로움에 도전하다　　　　23

🍒 밥은 먹고 합시다　　　　25

🍒 비료란 무엇인가?　　　　26

질소(N) ·· 27
인산(P) ·· 33
잎에 오는 영양 부족 현상 ·· 38
칼륨(K) ··· 40

칼슘(CA) ··· 44
황(s)의 황당한 이야기 ··· 50
마그네슘(MG) ··· 53
붕소(B) ··· 54
월동병해충 방제요령 ·· 57
희석배수 조건표 ·· 60

체리 재배에 관하여   61

체리 품종 이야기 ·· 63
국내에서 재배했고 하고 있는 흑자색 품종 ············· 71
국내에서 타이톤이란 ·· 77
수분수로 좋은 품종 ·· 88
수분수의 이해 ·· 93
수분수 식재 요령 ·· 94
국내에서 체리 재배란? ·· 95
미국의 추천 품종 ·· 97
중국과 일본의 품종 ·· 99

 체리 재배 · 100

- 재배 전 토양 만들기 · 100
- 체리나무 식재 요령 · 107
- 화분 묘목 심는 요령 · 111
- 물탱크 설치 방법 · 112
- 식재 후 퇴비 주기 · 113
- 제초 작업 · 115
- 식재 후 첫 번째 할 일 · 118
- 초기 전정에서 절대 주의해야 하는 전정 · 122
- 체리 전정의 기본 이해하기 · 126
- 여름 전정 · 130
- 체리는 어디에 열리는가 · 131
- 체리의 수형 · 137
- 수형을 만들면서 우리가 착각하는 것 · 144
- 체리 재배하면서 주의해야 할 일 · 147
- 체리 식재 후에 체리 밭에 하면 좋은 것 · 148

체리 수확기에 들어서서   152

목면시비란? ··· 153
냉해 대비 ··· 156
개화기에 오는 병 ······································· 159
개화 후 대처법 ··· 163
생리적인 낙과(june-drop) ························· 168
열과를 덜 생기게 하는 방법 ··················· 174
수지병 ·· 176
체리에서 오해하기 쉬운 병증 ················· 180
왜 체리나무는 잘 죽는가 ························· 182
체리 열매에 오는 병 ································· 192

 체리 재배하면서 해야 될 일들   195

동계 방제 ··· 195
수분 관리 ··· 197
목면시비 ··· 200
개화 중에 벌이 없어요 ····························· 201
열매가 콩알만큼 크면 ······························· 202

열매가 손톱크기 됩니다 ·· 204
열과에 대비하자 ·· 204
새 좀 잡아 주세요 ··· 206
열과는 없는데 회성병(잿빛곰팡이병)이 심해요 ············ 208
초파리 피해가 심합니다 ·· 210
당도를 높여라 ·· 212
초파리가 없어졌어요 ··· 214

🍒 체리 수확 후　　　　　　　　　　　　　216

물이 차가우면 차가울수록 좋습니까? ··························· 216
어떻게 수확하나요? ·· 217
상품성이 좋은 품종을 심으세요 ···································· 217
감사비료는 무얼 말하나요? ·· 219
수확 후에 여름 전정은 ·· 220
여름에도 방제를 해야 하나요? ····································· 222
여름에 응애약을 해야 하나요? ····································· 223
살충제 잘 사용하는 방법 ·· 225
살균제 잘 사용하는 방법 ·· 226
농약의 작용기작이란 ··· 228

갈반에 가장 잘 듣는 농약 ·· 230
8월에 이것은 하고 갑시다 ··· 234
8월의 기온이 쌍자과를 만듭니다 ·· 234
체리에 석회보르도액을 하나요? ·· 236
체리에 낙엽 떨어지라고 요소 좀 하면 좋습니까? ························ 236
겨울 전정은 언제부터 하면 좋습니까? ·· 238

책을 마치며 ··· 239
[부록] 체리 재배력 ··· 240

책을 시작하며

　저는 2000년 5월 충남 예산으로 귀농했습니다. 임야와 논 9000여 평을 매입하여 농업이란 걸 시작하게 되었습니다. 그 당시 다행히 토지가 저렴했기에 임야를 개간 신고하여 논을 매립하여 밭으로 만들었습니다.

　3개월을 텐 포클레인 두 대, 덤프트럭 다섯 대를 불러서 개간하고 나니 아시는 분들이 차라리 그 돈이면 포클레인을 한 대 사서 본인이 운전도 배우고 직접 하고 나중에 포클레인을 팔아도 그 돈이 남는 건데 왜 불러서 했냐며 젊은 사람이라 기술을 배워도 충분하다고 하였습니다. 아차 싶었습니다. 귀농해서 그런 방법을 잘 모르다 보니 돈만 많이 들어갔습니다.

　집사람 보는 게 무서울 정도였습니다. 덤프차가 아침에 출근하면 집사람은 한숨을 쉬었습니다. 허가도 받지 않고 옆에 산고랑 논을 개간하는 흙으로 매웠다가 군에 원상 복구명령을 받아서 다시 원상 복구하느라 일주일은 더 했습니다.

　그렇게 구구절절하게 터를 잡고 30대의 젊은 농부는 자연이 되기 시작했습니다.

　기존에 농사짓던 방식하고 다르게 새로운 방식의 농사를 하고 싶었으나 농업에 관해서는 어릴 때 부모님 농사를 조금 도와준 것 외에는 아무것도 몰랐습니다. 그런 놈이 농사를 지으려 했습니다. 이왕이면 잘되어야 하고 직장 생활처럼 돈도 벌면서 농사를 짓고 싶어서 월급 받는 농부가 되로 했습니다.

우리 마을은 사과 마을이라 어르신들은 매립한 토지 전체에 사과를 심으라고 하셨지만 1년 중 겨울에만 수익이 나오는 농사는 짓고 싶지 않았습니다. 그렇다고 사과를 안 심고 가자니 마을 분들 눈치도 보이고 공동체적인 뭔가가 필요해서 1500평에 사과를 심었습니다.

나중에 안 사실이지만 지역별 특화작물은 심는 게 좋았습니다.

우선 재배 노하우나 판매 유통이 다른 지역보다 쉽고 지원되는 거나 농업인들 혜택이 특화작물 쪽에 편중되어 있으니 혹여 귀농이나 귀촌을 해서 농업 쪽으로 관심을 가진다면 그 지역에 특화작물이 무엇인지도 꼭 파악하길 바랍니다.

그리고 나머지 밭에는 콩을 심고 1년을 고민했습니다.

'농업이 직업이 되는 방법은 뭘까?'

'농업이 돈이 되는 방법은 뭘까?'

그때 생각해 낸 게 월급 받는 농부였습니다. 정확하게는 월급 반드시 벌어들이는 방법이었습니다. 계산은 정확하게 떨어졌습니다. 매월 월급처럼 수확물이 나오면 된다는 것. 나중에 안 사실이지만 계산은 어디까지나 계산일 뿐이었습니다.

월급 받는 농부가 되자

지금도 월급 받는 농부를 검색하면 20년 전 모습이 검색되는 걸 보고 가끔 웃기도 합니다.

2002년도 드디어 3~6월까지 돈이 되는 작목을 선정했습니다.

아스파라거스……. 전 세계에서 알아주는 채소고 고급 음식에 들어가는 채소. 우리나라에서도 앞으로 많이 찾을 거다……. 이건 어디까지나 내 생각이었습니다.

일단 이 채소는 10년을 재배했습니다. 천여 평에 하우스를 짓고 식재했으니 투자비가 만만치 않았습니다.

하지만 너무 빨리 품목을 선택한 탓일까요? 10년 동안 가장 비싸게 판매해 본 게 1kg에 4000원. 갈아엎고 나서 5년이 지나니 알려지기 시작해서 2020년에는 1kg에 3만 원이 넘어갈 때도 있었습니다.

종자 구입도 만만치 않아서 공주 원협에 그 당시에 전 세계에서 가장 인기 있는 푸른 품종 웰컴(지금은 보기 힘듦) 종자를 한 알에 500원에 구입해서 식재를 했으나 암수 구분이 안 되어서(아스파라거스는 열매를 맺히는 암컷은 나중에 열매를 맺고 너무 두껍게 자라서 상품성이 없습니다. 그래서 보통 수 그루만 심습니다.

6~7월의 월급

아스파라거스를 수확하다가 지겨우면 블루베리를 따면 좋습니다.

그 당시 아직 국내에 알려지지 않은 블루베리를 2000여 평에 식재하였습니다. 지금이야 좋은 품종들도 많지만 당시에는 국내에서 묘목을 구하는 것만도 다행이었습니다.

15년 동안 우리의 충실한 친구가 되어 준 녀석입니다.

북부 계열이라 장마철에 수확해야 해서 어려움도 있었지만 그 당시 우리의 주머니를 정말 풍족하게 해 주었습니다. 그래서인지 집사람은 블루베리를 수확하기 시작하면 아스파라거스밭은 아예 쳐다보지도 않았습니다. 지금 생각하면 하우스에 블루베리로 작목 전환해서 촉성 재배를 왜 도전하지 않았는지 모르겠습니다.

　요즘에는 품종도 다양하고 남부종이 하이부시 종들도 다양해서 하우스촉성재배로 2월부터 생산이 되는 경우도 있지만 그 당시에는 모두 노지재재였습니다.

　블루베리에서 배운 점은 나무가 안 죽고 잘 자라는 품종을 선택해야 합니다는 것입니다. 지금이야 품종도 많지만 그때는 품종이 많지 않아서 어떻게든 맛있는 품종(지금 체리의 판도도 마찬가지)을 재배하려고 듀크라는 품종은 배제하고 심었습니다. 하지만 블루베리의 맛을 모를 때이니만큼 잘 안 죽고 잘 열리고 조생에 열매까지 굵은 듀크 재배 농가들은 맛있는 품종을 찾아다니는 우리보다는 한발 더 나갔습니다. 무난하고 잘 자라면 초기에는 이런 품종을 따라갈 수가 없습니다.

　지금은 품종도 많고 재배 기술들도 좋아져서 블루베리를 맛으로 찾는 분들이 있을 수 있으나 그 당시에는 블루베리는 블루베리였습니다. 이게 소비자들의 심리인지를 몰랐습니다.

　어떤 작목을 선택하든 농업인의 입이 중요한 게 아닙니다. 가장 큰 거는 유통인들이 좋아해야 하고 다음에 소비자가 좋아해야 합니다. 정말 맛있는 농작물을 생산한다면 직접 판매까지 해야 하는 이유인 것입니다.

　어렵게 선택하지 마시고 무난한 거를 선택하십시오. 유통인들이 좋아하고 소비자들이 무난하게 좋아하는 것을……

8~9월의 월급은?

　고추도 나에겐 중요한 자원이었습니다. 직접 모종을 기르고 그 모종을 삽목해서 길러 밭에 매년 7000포기에서 10000포기씩 1~2년을 재배했으니…….

　그 당시 고추 삽목법은 거의 알려지지 않은 방법이었습니다. 포트에 정식하면서 커터로 뿌리 부분을 절단하고 포트에 삽목하면 15일이면 뿌리가 발생하는데 자라는 속도가 너무 빨라서 좀 늦게 하든지 영양관리를 잘해야 합니다.

　그래도 예산군에는 물고추장이 있어서 40kg 단위로 마대에 담아서 트럭에 싣고 새벽에 나가면 아침에 다 팔립니다. 고추를 마음 놓고 심어도 되는 구조라 따기만 하면 됐던 걸로 기억합니다. 1년에 12회 정도 수확을 했던 것 같습니다.

그나마 예산 물고추 시장의 덕을 많이 보았습니다. 그렇지 않았다면 건고추를 만드는 데 엄청난 비용과 시간이 걸렸을 것입니다.

작년에 무안에 농가에서 7000포기 고추를 심고 면단위 건조기를 거의 전부를 사용할 정도였다는 이야기를 들었을 때 그런 생각을 했었습니다.

많은 분들이 고추를 어떻게 키웠냐고 묻습니다. 지금은 모종을 사다 하니 삽목법까지는 필요 없다고들 합니다.

고추는 지온이 높아야 하기에 모든 농가에서 비닐 멀칭을 해서 재배합니다. 그 비닐 속에 퇴비가 들어가면 가스가 발생된다는 생각들을 안 하고 무조건 퇴비를 내고 로타리 치고 비닐을 씌웁니다. 아마 이런 이유 때문에 고추가 가지고 있는 성질을 다 나타내지 못하고 두세 번 따면 끝나 버리는 고추농사가 되지 않나 생각합니다.

고추는 다비성(비료 성분이 많이 필요한 성질) 작물입니다. 그래서 퇴도 많이 냅니다. 그러나 그 퇴비로 인해 가스피해를 볼 수 있으니 가을에 내는 게 좋습니다. 내년 봄에 식재할 토양에 가을에 미리 퇴비를 주는 것입니다. 그리고 겨울이 오기 전에 한두 번 로터리를 쳐 놓으면 좋습니다. 만약 기존 농사짓던 토양이고 가을에 퇴비를 미리 주지 못했으면 퇴비를 봄에는 주지 말고 화학비료를 많이 주면 좋습니다.

나는 300평에 요소 한 포, 복합 한 포, 용성인비 한 포를 내고 보통 식재를 했습니다. 퇴비는 줄 시간이 없어서 못 주었습니다. 마을 어르신들이 열흘에 한 번씩 와서 수확을 해 주는데 화수분이라는 말을 자주 들었습니다. 어쨌든 고추로 인해서 2009년에 교육농장까지 됐으니 고추농사는 우리 농장에 정말 고마운 친구였습니다.

사과야 사과야 겨울이 따뜻한 사과야

원래 사과에는 빙과라고 부르던 옛 명칭이 있듯이 사과는 겨울에 차가울 때 나오는 과일이라고 합니다. 사과는 20년 동안 돈이 됐습니다. 그 당시에는 지금 나오는 시나노 골드처럼 노란 사과라는 게 없었습니다. 후지 또는 부사라고 부르는 품종만 있습니다. 홍옥이나 양광 등이 있었지만 소비자들이 점점 외면해 가던 품종이라 이왕이면 오리지널 후지를 심으려고 동북 7호(후지의 원명)를 판매하는 경산에 가서 직접 구매해 심었습니다.

요즘 체리 묘목도 사다 심으면 품종이 섞여 있듯이 다섯 가지 품종의 후지가 섞여 있었습니다. 홍부사부터 이름 모를 후지까지. 그래도 사과는 20년 동안 내리막이 없었습니다. 지금이 내리막의 시작 같아 보입니다.

국민소득이 높아지면서 껍질째 먹는 사과가 나와야 하고 그걸 재배해야 되는데 우리나라 문화는 무조건 커야 된다는 인식 탓에 때를 놓치지나 않았는지 모르겠습니다. 사과는 젊은 친구들은 잘 먹지 않고 50대 이상이 먹는 과일이 되었습니다. 젊은이들이 찾지 않으면 그 과일은 외면받을 텐데, 앞으로의 사과 시장이 걱정입니다. 코스믹 크리

스프 같은 품종이 들어오든지, 새로운 문화가 정착되면 사과시장도 더 좋아질 거라 봅니다. 물론 농진청에서도 컬러풀이나 골든볼 같은 신품종 사과를 보급하려고 노력도 많이 하고 있습니다.

사과 재배 농가로서 많은 젊은 사람들이 편하고 쉽게 먹을 수 있는 사과 시장이 되기를 바라고 있습니다.

10년이 넘게 매년 김장을 7000포기 이상 했던 이야기나 배추 재배 했던 이야기, 콩 재배했던 이야기는 접어두고 농업 이야기로 넘어가 려고 합니다.

제가 귀농해서 10년이 넘게 지났을 때쯤인가 12년 정도였을까요? 뒤돌아보니 제가 농사를 짓고 있으나 농사에 대해서 누군가 물으면 실 질적으로 정확한 정보를 알려 드릴 수가 없는 아쉬움이 들었습니다.

마을회관에 가서 어르신들에 물어보려고 해도 시골 어르신들은 모두가 정치인인지 정치 이야기는 잘하시는데 농사 이야기는 아니 농사 짓는 방법에 대해서는 거의 얘기하지 않았습니다. 저도 나중에 그렇게 될까 봐 다시 시작했습니다.

농사법에 대해서 알아보려고 찾아간 공주대학교 식물자원학과. 이 나이 먹고 다시 대학에…….

어느 날 대학생이 되어 있었습니다.

그리고 다시 대학원 어느 날 대학원생이 되어 있었습니다.

박사과정은 너무 나갈 것 같아 다시 돌아왔습니다.

농업인으로 그리고 농사를 짓지만 농사만 짓는 농업인이 아닌 농사를 알고 농사를 짓고자 하는 분들에게 조금이나마 보탬이 됐으면 하는 마음으로 농사 이야기를 시작하려고 합니다.

새로움에 도전하다

2005년 처음 체리를 접하고 실험적으로 시작한 체리….
4년 만에 체리가 열렸습니다.
'와…… 우리나라에서 체리가 되네?'
이게 체리와의 본격적인 만남이었습니다.

대목을 구해서 접도 붙여 보고 전국에 체리 재배 농가는 경주부터 대구, 김천까지 그 당시에 10년 넘은 농가만 찾아다닌 게 지금까지 만 여 농가가 넘는 거 같습니다.

그동안 만나 본 농가들 대부분은 현재 체리 재배를 접었습니다. 경주 몇 농가는 아직도 체리를 재배하고 평택처럼 체험 위주의 농가들이 아직 명맥을 유지하고 있습니다. 하지만 체리 재배법이 정립되지 않았고 어떤 품종이 우리나라에 맞는지도 모릅니다. 이렇게 흐른 체리 산업은 우리나라에 들어온 지 100년 가까이 되었지만 실현이 안 되고 있습니다.

다른 작물도 마찬가지겠지만 체리처럼 유난히 많은 사람이 거쳐 간 작물은 쉽게 보지 못할 겁니다.

저는 이 책에서 성공하는 법보다는 실패를 줄이고자 많은 실험과 관찰한 내용을 위주로 적고자 노력하였습니다.

밥은 먹고 합시다

작물도 밥을 먹습니다.
물론 반찬도 먹습니다.
물도 먹습니다.
고기도 먹습니다.
그들이 먹는 거에 대해서 알아보고 넘어갑시다.

사람이나 동물이나 식물들도 먹고 자고 싸는 게 중요합니다.
작물들은 먹기만 하고 싸지 않는다고 생각하시면 안 됩니다.
작물들도 잘 먹고 잘 싸야 합니다. 잘못 싸면 잘 죽습니다.

흔히 체리가 장마 지나면 잘 죽는다는 말을 합니다. 이게 먹기만 하고 잘 싸지 못해서 오는 현상입니다.
　작물이 먹는 거는 물과 산소 양분입니다.
　물과 산소는 자연적인 것이 많으므로 중간에 가끔 언급하는 걸로 하고 우선 양분부터 언급하겠습니다.

비료란 무엇인가?

비료란 어린 나무에는 분유나 이유식이고 큰 나무에는 밥과 같은 존재입니다. 어린 나무에 너무 과하게 주면 배탈이 나고 큰 나무에 부족하면 영양부족 상태가 됩니다. (쌀밥만 먹으면 먹게 되면 비타민 B1이 부족해져서 오는 병각기병) 그 반찬들이 미량원소들입니다.

또한 고기도 먹어야 합니다. 그 고기들이 아미노산입니다.

21-21-21 이렇게 비료 포대에 적혀 있으면 질소 21%, 인산 21%, 가리 21%가 들어 있다는 말입니다. 이걸 kg으로 환산하면 20kg의 21%라는 말입니다.

즉 20kg짜리 한 포에 질소 4.2kg, 인산 4.2kg, 가리 4.2kg이 들어 있다는 말입니다.

예를 들어 100평에 한 포씩 준다면 질소, 인산, 가리를 4.2kg씩 살포한 거라고 보면 됩니다. 그럼 퇴비나 유박은 어떤가요?

퇴비나 유박도 뒷면에 보면 비료 성분이 표기되어 있습니다. 보통 질소는 4~7% 인산이나 가리도 2~4%선이죠.

이 표를 보면 NH4-N는 암모늄태질소를 말하는 것이며 Urea-N는 요소태 즉 요소비료를 말하는 것입니다.

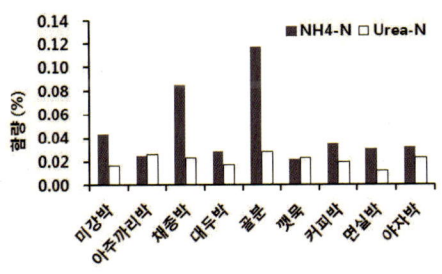

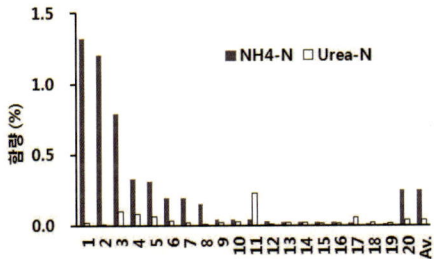

질소(N)

프리츠 야코프하버(독일의 화학자)는 1909년 공기 중의 질소를 이용하여 암모니아를 합성하는 법(하버법)을 개발하였습니다. 그 후 화학비료를 대량으로 생산하여 농업의 획기적인 발전이 가능해졌습니다. (우리가 흔히 쓰는 요소비료)

잎의 생장에 좋은 질소 비료는 주로 작물의 생장 초기에 이용되는데, 밑거름으로 사용되는 비료와 웃거름으로 사용되는 비료로 현재는 거의 나누어졌다고 보면 됩니다.

* 밑거름으로 사용하는 질소

· 황산암모늄(유안비료)
· 염화암모늄(농업에는 잘 사용하지 않음)
· 요소(우리가 가장 많이 쓰는 요소 비료)

우리가 사용하는 복합비료 21-17-17 비료는 요소비료를 포함하고 있으므로 정확하게는 밑거름용입니다.

* 웃거름용으로 사용하는 비료

· **질산칼륨**
· 흔히 벼이삭거름으로 알고 있는 NK비료는 주원료가 질산태질소로 이루어집니다.
· 과수에 질소를 주고 싶으면 퇴비나 유박보다는 질산칼슘을 주는 게 좋습니다.
· 질산칼슘은 칼슘이 함유된 질소로 유박이나 퇴비를 주는 것보다 과일의 경도나 색을 내는 데 훨씬 유리합니다.
· 기타: 질산암모늄(고질소비료, 폭발물 ANFO의 주성분임) 등이 대표적입니다.

작물에서 질소(N)가 하는 일

작물에서 질소는 없어서는 안 될 양분입니다. 모든 호르몬과 단백질 분해에 관여하기에 중요한 양분은 분명합니다. 더군다나 엽록소를 만드는 데 없어서는 안 되는 물질이고 나무의 보유 포도당을 만드는 데 중요한 역할도 합니다.

여기서 오해가 생깁니다. 잎이 필요한 작물이나 나무가 잘 커야 하는 작물에는 많이 필요한 양분임은 분명하나 (잎채소류나 관목류(키가 작은 블루베리 등은 많이 필요하나) 색을 내야 하는 작물에는 덜 필요합니다.

질소는 작물의 잎을 키웁니다. 질소는 작물의 가지를 자라게 합니다. 질소는 작물을 부드럽고 유연하게 만들어 잘 자라게 만드는 대신에 병충해에도 약하게 만듭니다. 즉 질소가 많으면 잎이나 과일 목질 부분들이 유연하게 되어 병균들의 침입이 쉬워진다는 겁니다. 그래서 매년 퇴비나 유박 비료를 주는 농가보다 인산가리를 자주 주는 농가의 농작물이 더 품질이 좋은 이유입니다. 질소의 주된 목적은 열매를 열리게 하는 게 아니고 나무를 키우는 데 있습니다.

이렇게 된 이유는 질소의 성질 때문입니다. 질소는 토양 중이나 식물에서 이동이 가장 잘됩니다. 그래서 토양에 주면 바로 뿌리로 이동하고 작물이 먹으면 가장 먼저 가지 끝으로 갑니다. 그래서 질소가 부족하면 아랫잎부터 그중에서 오래된 잎부터 노란색을 띕니다. 다른 비료와 같이 줘도 질소부터 먹은 것처럼 질소 효과만 가장 먼저 나타납니다.

토양에 비료나 퇴비 유박을 주면 안 되는 작물이 체리입니다. 체리는 1년 중 딱 두 달만 열매를 가지고 있고 나머지는 나무를 키우는 데 씁니다. 특히 아직 열매가 열리지 않은 어린 나무는 무조건 나무만 키웁니다.

이걸 영양생장이라고 합니다. 생식생장으로 변환되면 다릅니다. 그래서 첫해는 질소질을 주되 그 이후에는 절대 주어서는 안 됩니다. 열매를 따고 싶으면 질소질(퇴비 유박 비료)을 안 주면 됩니다.

지금까지 체리 재배 농가들이 체리를 실패한 원인 중 가장 첫 번째가 질소를 빼지 못해서 생식생장으로의 변환이 안 됐다는 겁니다.

더군다나 체리는 교목입니다. 체리라는 작물은 커도 너무 잘 큽니다. 원래 사과는 5~6m 크는 나무고 체리는 20m를 크는 나무입니다. 어떤 게 질소를 잘 먹을까요?

체리는 주는 대로 먹고 없으면 빼앗아 먹고 부족하면 공중질소를 만들어 먹습니다.

체리는 어떻게 하면 안 키울 수 있는가, 이게 목표입니다. 체리를 성공하고 싶으면 질소를 주지 않는 것부터 연습합시다. (퇴비 유박 비료 등은 모두 질소라고 생각해야 합니다. 체리에 퇴비나 비료를 주고 싶으면 한 주당 5~10kg 이상의 열매를 수확 후부터 주면 좋습니다)

알고 나면 재미있는 농업상식

앞에서 질소를 설명하면서 양분은 주면 질소부터 먹는다고 하니 어떤 분이 최소 양분의 법칙을 물어보시길래 이 부분에 대해서 알고 계시면 재미있을 것 같아 알려드립니다.

리비히의 최소 양분율 법칙: 성장에 필요한 영양소 중 실질적인 성장을 좌우하는 것은 넘치는 요소가 아니라 가장 부족한 요소입니다. 어느 하나가 부족하면 다른 것이 아무리 많이 충족되더라도 식물은 제대로 자랄 수 없습니다. (농진청 자료)

즉 처음에는 최소 양분의 법칙으로 통용되고 인식됐으나 그의 제자들에 의하여 최소 양분이 아닌 최소 인자 즉 품종이나 환경 등의 인자로 인해 결정된다고 수정이 됐습니다. 우리나라 농업인들은 이 최소 양분의 법칙이 정답으로 오해하신 분들이 많아서 알고 계시면 도움이 될 겁니다.

이 법칙을 발표할 때는 무기물만을 중요시하고 연구에 몰입하다 보니 그랬을 거라는 후평이 있습니다.

쉽게 이해하기 위해서 여러분들이 토양검사를 하면 유기물은 표시되지만 질소는 표시가 안 되는 이유가 현재는 유기물을 더 중요시하기 때문입니다.

이 분석표를 보시면 (외국 체리 농장 토양을 국내에서 분석한 표입니다) 첫 번째는 ph입니다. 어마무시하게 높게 나왔습니다.

'저기에서 작물이 자란다고?'

체리를 잘 수확하고 있습니다.

다음에 이에 대한 얘기를 따로 하겠습니다. 일단 이 분석표에는 질소가 없습니다. 왜 질소는 없고 유기질이 바로 나올까요? 질소는 공중

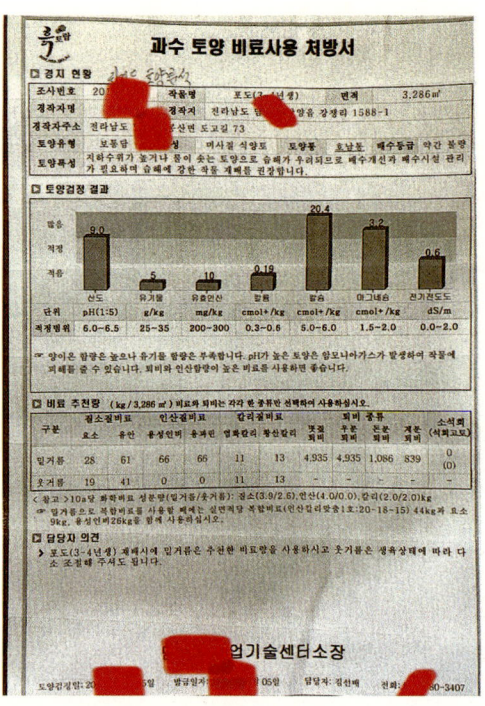

에 많아서 비만 와도 다르게 나옵니다. 우리나라에서도 ph가 8.2인 곳에서 사과 농사 잘 짓고 있으니 너무 ph에 의존하지 마세요.

　외국은 저런 곳에서도 블루베리가 잘 큽니다. 단 유기물 보충은 해준 곳이겠죠. 유기물이 풍부하면 ph와 상관없이 잘 자라는 작물들이 많습니다. 그렇다고 체리에 석회를 안 주고 유기물만 주면 체리 열매를 못 따고 폐원하는 경우가 있으니 체리 재배 농가들은 석회를 자주 주는 게 좋습니다.

　산에 있는 나무를 보세요. 농업인들이 작물을 키우듯이 퇴비나 비료를 안 주어도 잘 큽니다. 그만큼 질소는 자연적으로 충분히 얻는다는 겁니다. 우리 농업인은 나무를 키우는 것 보다는 열매를 수확하는 게 중요합니다. 그래서 질소를 줄이라는 겁니다.

묘목 식재하고 첫해에는 나무를 키우기 위해서 퇴비나 질소를 줄 수는 있습니다. 그다음 해부터는 열매 따시려면 질소를 주지 마세요.

인류 최초의 비료

구아노 비료는 질소질 구아노와 인산질 구아노로 크게 구분됩니다. 질소질 구아노는 강우량이 적은 건조지대에서 새들의 배설물이 거의 미분해된 상태로 퇴적된 것이며 질소 12% 이상, 인산 8% 이상 함유된 걸 말합니다. 인산질 구아노는 비가 많이 내리고 온도가 높은 지대에서 산출되며 대부분의 질소는 용탈되고 인산의 함량은 10~30% 정도로 높다고 알려져 있습니다.

국내에는 예전에는 인산질 구아노가 많이 수입되었으나 최근에는 질소질 구아노가 수입돼서 비료로 판매되고 있으니 참고하세요.

인산(P)

수용성 인산: 물에 잘 녹는 인산입니다.

구용성 인산: 물에 의해서 녹거나 분해되지 않고 산(황산 등의 산성 물질)이나 미생물에 의해 분해되는 인산입니다.

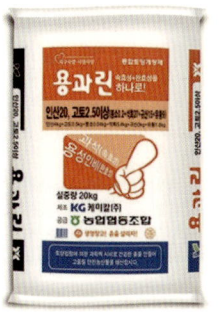 

용과린은 수용성 인산이 인산 성분 중에 30%를 함유합니다. 나머지 70%는 구용성입니다. 용성인비는 전체가 구용성입니다. 용과린은 황이 들어 있고 용성인비는 석회가 들어 있습니다.

질소는 작물을 유연하게 만들어 잘 크게 만들지만 인산은 열매를 많이 맺게 하는 역할을 합니다. 인산은 고품질의 농산물을 만드는 역할을 합니다. 인산과 칼슘은 잔뿌리 생성을 좋게 하고 그 잔뿌리는 당을 올리는 역할을 합니다.

잔뿌리가 많으면 작물은 건강해지고 열매를 많이 맺습니다.

인산은 고품질의 뿌리를 만듭니다. (고구마의 고품질은 인산에서 비롯됩니다)

인산은 작물의 잔병치레를 적게 합니다.

열매를 많이 달고 싶으면 질소를 주지 말고 인산을 주면 됩니다.

고품질 농작물을 만들고 싶으면 질소를 주지 말고 인산을 주면 됩니다. 하지만 우리나라 토양은 불용화된 인산이 많습니다.

　불용화된 인산을 수용성으로 만들어 작물이 이용하게 하는 방법은 천 평의 토양에 중탄산칼륨을 5~10kg을 녹여 2회 정도 관주해 주면 좋습니다. 불용화된 인산을 가용화시키는 비료는 중탄산칼륨이 가장 적절합니다.

인산의 종류

　인산의 종류는 많으나 농업인들이 많이 쓰는 인산에 관해서만 이야기하고자 합니다.

제1일산칼륨: 찬물에 거의 녹지 않은 성질입니다.
더운물에 5시간 이상을 두면 어느 정도 녹습니다.
50도의 물에 2시간 담그면 10% 정도 용해됩니다.
400도의 물에 완전 용해된다고 알려져 있습니다. (ph: 5.5~7.5) 물에 녹지 잘 녹지 않으므로 농업용으로는 구매하지 않길 바랍니다.

제1인산칼슘: 100% 수용성입니다.
보통 인산 함량이 20~29% 이내 칼슘 함량이 10~18% 이내입니다.
도장지억제제 당도 향상제로 많이 쓰입니다.
제2인산칼륨과 제2인산칼슘은 농업용 직접 사용하지 않고 재가공해서 수용성 비료로 판매됩니다.

제3인산칼륨: 단가가 비싸서 고급 인산가리 제품에 들어갑니다. 수용성이라 물에 용해가 잘됩니다.

국내에서 3인산칼륨을 쓰는 제품이 있으나 단가가 비쌉니다.

제3인산칼슘: 식품첨가물로 많이 사용합니다.

단가가 비싸서 농업용으로 사용을 안 했으나 요즘 당도 올리는 용으로 많이 사용됩니다.

제5인산칼륨: 국내에서 폴리인산으로 알려진 인산칼륨(가리) 제품입니다. 당도 높이는 데 탁월하고 잔뿌리 형성에 좋다고 알려진 제품입니다. 원산지는 한국과 대만입니다.

원래는 광물질에서 추출하던 것을 반도체 후공정해서 만드는 가용물질 중 하나입니다. 폭발성이 있어 정제를 거쳐서 오인산 즉 폴리인산으로 생산되어 나온다고 알려졌습니다. 전 세계 당도 올리는 모든 제품에는 3인산이나 폴리인산이 들어갔다고 보시면 맞습니다.

골분: 대표적인 인산칼슘 제제로 알려져 있습니다. 물에 잘 녹지 않으며 토양의 미생물이나 산과 반응하여 녹습니다. 저도 몇 번 식초에 만들어 봤으나 큰 효과는 보지 못해서 토양에 직접 살포합니다. 어렵게 만들지 마시고 사다 쓰시길 권해 드립니다. 토양에 줘도 당도 잘 올라갑니다.

사과에는 인산가리나 인산칼슘을 보통 6월 초에 주는 걸로 알려져 있지만 저는 인산가리를 5월 중순 즉 적과 시작하면서 바로 살포합니다. 목적은 도당지 억제를 위해서입니다. 물론 비대에도 도움이 됩니다.

원래 질소는 열매로 잘 안 갑니다. 인산가리로 가지 끝으로 가는 질소를 당겨서 열매로 보내는 역할을 하는 게 인산가리입니다.

국내산 효소제와 한 번 정도 같이 주시면 비대에는 큰 효과가 있습니다. 하지만 체리에는 큰 효과를 못 봅니다. 클 시간이 없기 때문으로 알고 있습니다.

효소화된 인산가리를 제품이 시중에 나와 있는 비대제입니다. 거기에 다른 성분도 들어 있지만 주된 성분은 인산가리입니다.

비대제품은 보통 인산가리이고 당도 올리는 제품의 주성분은 인산칼슘입니다.

농가에 인산가리는 있는데 인산칼슘이 없으면 작물 초기에는 인산가리 제품을 사용하시고 작물 후기에는 인산가리에 칼슘을 혼용해서 살포하면 됩니다. 이때는 칼슘 함량이 높은 걸 사용하시면 좋습니다.

체리에서의 인산

체리에서 인산은 매우 중요한 역할을 합니다. 7~8년 이내의 체리는 거의 인산에 의해 좌우된다고 보면 됩니다. 그 이상 된 나무에는 인산이 어린 나무에 비해서 중요성이 덜하지만 나이 먹으면 또 중요해지는 게 인산입니다.

인산이 중요한 시기는 1~5년까지가 가장 많이 필요하고 중요합니다. 2년째부터 3~4년째까지는 1년에 5회 이상 인산가리를 엽면살포 하면 좋습니다.

토양에 직접 주는 거는 밑거름으로가 가장 좋고 못 줬을 경우 표층에 주어도 무방합니다. 용성인비나 용과린을 2~3년생 나무는 무조건 줘야 하므로 주당 1~2kg을 매년 주되 만약 못 줬을 시에는 엽면살포로 대체하시는데 자주 주어야 합니다.

뿌리 주변에 주는 게 가장 좋고 표층에 줄 때는 목대에서 1m를 벗어나면 효과가 덜하므로 목대 주변에 주는 게 좋습니다.

잎에 오는 영양 부족 현상

다음 그림은 인터넷에서 쉽게 접할 수 있는 그림입니다. 질소가 부족하면 아랫잎부터 노래지고 위쪽에 부족 현상이 오는 것은 이동이 어렵거나 늦은 녀석들이므로 미량원소나 가끔은 엽면살포를 해 줘야 하는 비료들이라고 보시면 됩니다.

인산결핍과 가리결핍이 중요합니다. 인산결핍은 파란 잎에 타는 모습이고 가리결핍은 잎도 노래진다는 점을 봐주시면 도움이 될 겁니다.

6-2. 잎에 발생하는 영양분 결핍 증상

그러면 이동이 잘되는 비료는 작물에서 멀리 줘도 작물이 잘 먹는다는 말입니다. 질소질 비료는 작물에서 멀리 주고 미량원소나 이동이 느린 비료는 작물에 직접 엽면하든지 가까이 주는 게 좋습니다.

이 그림상 인산은 아래쪽에 있지만 이동성 면에서 빠른 것이 아니기에 오해 없으시길 바랍니다. 특히 잔뿌리를 많이 생성해서 화속을 좋게 해야 하는 과수는 인산이나 칼슘은 나무 주변에 주는 게 가장 좋습니다.

칼륨(K)

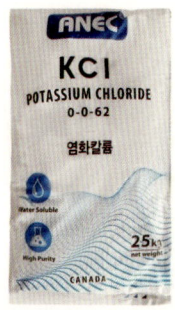 

같은 비료를 부르는 이름으로 칼륨 또는 가리비료 또는 칼리비료라고 부릅니다. 가리(加里)는 명사로 칼리(Kali)의 한자음으로 표기합니다. 독일어로는 kali로 탄산칼륨의 속칭이며, 또 칼륨화합물의 속칭입니다. 칼리함량이 포함된 비료를 보통 칼리질 비료라 부릅니다.

즉 칼리(K2O)는 칼륨(K)의 화합물을 통칭하는 용어로 K2O, KNO3, KCl 등이 모두 칼리라고 보면 됩니다. 가리보다는 칼리로 표시하는 것이 우리말로는 맞는 것으로 생각됩니다.(농진청용어사전 인용) 「비료관리법」에서는 칼리질 비료를 표기할 때 황산칼륨, 입상황산칼륨, 염화칼륨, 황산고토칼륨이라 표기하고 있으나. 비료포대에는 아직까지 염화가리나 황산가리로 표기하고 있기도 합니다.

　질소는 위로 크게 하고 가리는 옆으로 살찌우게 한다는 말이 있습니다. 맞는 말일 겁니다. 열매의 겉껍질은 칼슘이 유지해 주지만 안쪽 살 부분은 가리가 유지해 준다고 보면 됩니다.
　농업인들이 오해하는 부분이 이 부분입니다. 열매를 키우고 싶으면 가리를 줘야 하는데 질소가 열매를 키우는 줄 아시는 분이 많습니다.

질소는 가지를 키우고 가리는 열매를 키웁니다
　(자세한 메카니즘은 뒷부분에서 추가하였습니다)
　칼륨은 이동성이 좋은 비료입니다. 더군다나 혼자 이동하는 게 아니고 양분을 붙이고 이동합니다. 그래서 양분을 실고 움직이는 트럭이라는 표현도 있습니다.
　칼륨은 개화착과율을 높이고 낙화낙과를 방지합니다.
　칼륨은 작물의 개화와 결실을 촉진하여 좀 일찍 여물게 합니다. 칼륨과 인산을 품질원소라고도 칭하는 것은 과실과 채소의 품질을 향상시키고 신선기간을 연장시키는 효과가 뚜렷하기 때문입니다.

　또한 잎 뒷면에서 수분을 증발시키는 기공의 공변세포의 활성화에 중요한 역을 합니다. 사막에서 살던 체리는 30도 이상이 되면 기공을 절반을 넘게 닫아 버리는데 이때 칼륨의 역할이 중요합니다. 칼륨이 온이 부족하면 잎 뒷면의 기공의 운동이 떨어진다는 말입니다.

뿌리에서 물을 먹은 만큼 잎에서는 증발이 되어야 작물이 건강합니다. 원리로 보면 수분포텐셜 중 압력포텐셜이 활발해야 작물이 건강하다는 것입니다. 물론 삼투포텐셜도 중요합니다. (삼투포텐셜: 순수 물과 양분이나 설탕이 혼용된 물이 나란히 있을 때 순수 물만 있는 곳의 물이 양분이 혼용된 쪽으로 흐르는 현상)

내한성이나 냉해를 예방하려면 칼륨이 없어서는 안 됩니다. 칼륨은 저장해 놓은 설탕에 들어가 세포 활성화를 시키는 데 가장 큰 역할을 합니다. 그래서 동해나 냉해 예방에 가장 큰 역할을 합니다.

인산이 과일의 꽃을 많이 피게 한다면 칼륨은 착과율을 높이는 역할을 합니다. 그래서 인산과 칼륨은 낙과율을 줄이는 역할을 합니다.

과일의 열매나 과경이 노래지면서 떨어질 기미가 보이거나 하면 무조건 인산가리를 해 줘야 합니다. 체리 재배에서 가장 중요한 역할을 한다고 보면 좋습니다.

(인산가리는 1년에 5회 이상 엽면살포하면 좋습니다. 많게는 10회를 하신 분도 있습니다. 이러면 화속이 빨리 오는 경우가 흔합니다. 나무는 안 크고 화속이 빨리 오게 하는 좋은 방법 중 하나입니다. 나도 이 방법을 가장 많이 씁니다.)

가리(K)비료 구분법

 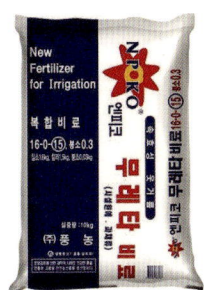

왼쪽의 비료는 14-10-10으로 표시되어 있는데 오른쪽의 비료는 16-0-⑮ 이렇게 되어 있습니다.

왼쪽에 있는 비료는 동그라미가 없는데 오른쪽에는 동그라미가 있는 숫자가 표시도 있습니다.

왜 이럴까요?

비료는 단용비료와 복합비료로 나눠져 있습니다. 단용비료는 단순하게 염화가리 또는 황산가리로 표시하면 되지만 복합비료에는 표기하기가 어려워서 가리 부분에 들어간 비료가 황산가리일 때는 동그라미가 그려진 표시를 염화가리가 들어간 비료는 동그라미를 하지 않습니다. 그러므로 왼쪽 비료는 염화가리가 들어 있고 오른쪽 비료에는 황산가리가 들어 있다는 말입니다.

칼슘(CA)

이 성분이 부족하면 과일이 잘 썩습니다. 모든 작물의 껍질을 만드는 역할을 합니다.

칼슘은 세포벽을 구성하는 주요 성분으로 조직 구조를 강하게 만들어 세포 안정성을 확보해 줍니다. 칼슘이 풍부한 세포벽일수록 세균 또는 곰팡이에 대한 저항력이 강합니다.

칼슘은 세포분열 및 확장 과정에 매우 중요하기에 과일을 크게 키우려면 세포분열 시기 즉 개화 전이나 개화 직후에 붕산비료와 같이 엽면살포를 해 주면 좋습니다.

칼슘은 기공 개폐를 위한 칼륨의 능동 수송 조절에도 중요한 역할을 합니다. 이는 특히 여름철 고온으로 인한 스트레스 감소에 도움을 주어 잎이 갑자기 시드는 정도와 잎 손상을 최소화합니다.

6월 25일과 7월 22일에 과실 및 가지에 도포하여 방사능 강도를 조사한 결과를 보면 칼슘은 잎의 앞면 또는 뒷면 어느 곳으로부터도 흡수되었습니다.

잎이 나온 순서에 따른 칼슘 흡수의 차이를 보면 선단부의 잎(어린잎)은 새 가지기부의 잎에 비하여 칼슘 흡수량이 많고 흡수 후의 이동도 컸습니다. 잎에서 흡수된 칼슘은 다른 잎으로의 이동은 거의 없었습니다.

과실의 칼슘 농도가 높아짐에 따라 에틸렌 및 이산화탄소의 발생량이 적습니다. 세포벽 분해효소의 활성이 감소되어 결국 과실 경도가 현저히 증가하여 저장력이 길어지게 됩니다.

생육 기간 동안 액상 석회 비료 수관살포는 생리장해 및 병 발생을 감소시키고 저장력을 향상시켜 상품성이 높은 과실을 생산할 수 있습니다. (농진청자료)

토양이 건조, 다습, 저온, 고온, 질소 과다, 칼륨 과다, 일조량 부족 등의 조건이 되면, 뿌리로부터 칼슘의 흡수량이 적어 칼슘 부족으로 인한 생리장해 현상들이 많이 나타나게 됩니다. 특히 가뭄이 계속되면 칼슘 흡수량이 급격히 떨어지는데 이때는 엽면살포를 해서 보충을 해 줘야 합니다.

칼슘의 종류

탄산칼슘: 물에 난용성, 석회석(방해석), 난각칼슘(계란껍질), 패각칼슘(굴 껍질을 고온에 태워 만든 패화석)
(가격이 가장 싸서 가장 많이 이용되고 있습니다)

황산칼슘: 물에 난용성, 석고라고 하며, 석탄, 중유, 등유를 사용 시 발생하는 아황산가스과 탄산칼슘을 반응시켜 부산물로 제조합니다. 유산칼슘이라고도 합니다.

인산칼슘: 1인산칼슘은 물에 0.18% 정도 녹으며(잘 안 녹음), 2인산칼슘, 3인산칼슘은 물에 난용성으로 인회석이라 하며, 탄산칼슘과

인산을 반응시켜 제조합니다.

산화칼슘: 물과 반응 수산화칼슘이 됩니다. **생석회**라 하며, 탄산칼슘을 900℃에서 소성하면 만들어집니다.

수산화칼슘: 물에 0.18%, 산화칼슘에 물을 반응시켜 만들고, **소석회**라고 말하며 용해도가 작고 강알카리성 물질(ph 13)입니다.

염화칼슘: 수용성, 탄산칼슘을 염산과 반응하여 제조하거나, 소다회 생산 시 부산물로 생산됩니다. 제설용, 두부제조용으로 이용됩니다.

질산칼슘: 수용성, 탄산칼슘을 질산과 반응시켜 제조합니다. 액상 석회 비료에 많이 사용되며 일본식 표기는 초산칼슘이라 합니다.

구연산칼슘: 수용성, 탄산칼슘과 구연산을 반응시켜 제조합니다. 기능성음료, 된장에 많이 있습니다. 식품첨가물로 사용됩니다.

초산칼슘: 수용성, 아세트산(초산)과 반응하여 제조합니다. 액상 석회로 개발이 가능하나 보관방법에 단점이 있습니다.

농업에 사용되는 칼슘 종류도 이렇게 많습니다. 작물에 사용하는 칼슘은 초기(봄)에는 질산칼슘을 사용하는 게 좋습니다.

여름에는 기온이 높아 염화칼슘을 사용하는데 중요한 것은 비율을 약하게 타야 한다는 겁니다.

저녁에 주려면 500L 물에 1.5kg까지 혼용이 가능하지만 아침이나 낮에 혼용살포 시에는 1kg 미만으로만 혼용해야 약해가 안 옵니다.

여름에 과일이 햇볕에 데는 것을 방지하기 위해서는 탄산칼슘을 살포합니다.

흔히 일소피해라고 하는 증상을 예방하기 위해 탄산칼슘을 2~3회 살포하는데 탄산칼슘은 흡수되는 게 아니고 과일을 덮고 있는 코팅역할을 합니다. 그래서 비가 와도 잘 지워지지 않으므로 탄산칼슘제나 일소피해제를 사용한 작물은 수확 후 물에 씻어야 하는 단점이 있습니다.

가을에 주면 좋은 칼슘제는 구연산칼슘이나 초산칼슘입니다.

칼슘의 흡수율이 낮은 이유는 질소가 많으면 무조건 칼슘 흡수율은 떨어집니다. 칼슘 흡수율을 높이려면 질소를 적게 줘야 합니다.

(주의: 질소라고 하면 퇴비, 유박, 화학비료 등 모든 비료를 말합니다. 흔히 퇴비나 유박은 질소가 아닌 것으로 오해하시는 분들이 많습니다.)

칼슘의 이동을 가장 빠르게 하는 물질

미국 위스콘신-메디슨 대학교 시몬글로이 토요타마사츠구 박사의 연구 논문을 보면 칼슘의 이동이 느리다는 보통의 생각을 뒤엎는 말이 나옵니다. 칼슘이온은 작물의 외부에 상처나 병충해의 침입이 오면 가장 빨리 오는 성분이라는 것입니다.

어떻게 이리 빨리 이동할까요? 글루탐산(미원) 이온이라는 겁니다. 글루탐산 이온이 가장 먼저 칼슘이온에 길을 열어 주어 가장 빠르게 이동하게 한다는 겁니다.

여러 농업인들도 이걸 응용해 보시면 좋겠습니다. 혹시 실험하실 때의 비율은 무조건 천 배로 하세요.

체리에서 칼슘(석회)는

체리의 원산지는 트리퀴에(터키) 쪽입니다. 석회석 토양에 비가 적은 지역입니다. 거의 사막 지역 중 석회석 토양에서 자라던 작목입니다. 토양에 석회가 부족할 시 체리는 잘 죽는다고 합니다.

그렇다고 무조건 ph를 높이자는 말이 아닙니다. ph1을 높이려면 생석회나 소석회를 주었을 때 10a당 엄청 많은 량을 줘야 합니다. 이렇게 하지는 말자는 것입니다.

1년에 한 주당 한 포씩 2년 정도 주고 2년을 건너뛰고 하면 나무는 덜 죽습니다.

지금까지 체리 재배 농가들이 체리가 왜 죽는지를 몰랐습니다. 체리가 석회를 자주 주는 토양에서 석회석이 풍부한 토양에서는 잘 죽지 않는다는 것을 알고 석회를 주기 시작했습니다. 그 이후 이유 없이 죽던 체리가 현저히 줄어든 건 사실입니다. 문제는 석회질 토양이 되면 아연 흡수가 현저하게 떨어진다는 겁니다.

작물에 아연이 부족하면 낙과율이 심해집니다. 마디가 짧아지며 총 생잎이 나오며 총생에 달린 열매는 100% 낙과됩니다.

체리는 석회를 좋아한다?? 그러다 보니 아연 흡수가 안 됩니다.

많은 농가가 이유 없이 낙과되는 체리를 보며 수정불량이라고 또는 유과 균핵병이라고도 합니다. 그럴 수도 있겠지만 아닌 농가들이 더 많습니다. 아연 부족에 오는 경우와 병에 의해서 오는 경우가 많습니다. 아연이 흡수가 부족하면 열매 낙과율도 심해집니다.

흔히 외국 자료를 봐도 ph7 이하 토양이 좋다고 나옵니다. 하지만 체리 재배를 하는 농가들을 가 보면 ph가 그 이상인 토양이 더 많은 게 현실입니다. 그래서 그들은 의무적으로 이른 봄에 황산아연을 합니다. 우리도 목면시비를 하면서 황산아연을 해 주면 좋다고 봅니다.

다음 그림은 처음에도 언급했던 외국(우즈베케스탄) 체리 밭 토양을 국내에 가져와서 성분 검사를 맡긴 결과물입니다. 이 정도의 ph이니 아연 흡수가 안 되어 총생잎이 많고 철 흡수가 안 돼서 백화현상도 자주 보인다고 합니다.

석회질 토양에서 재배하는 유럽이나 튀르키에 쪽에서는 유안비료를 1년에 3회 정도 사용합니다.

석회질이거나 석회질이 아닌 토양도 유안비료를 사용합니다. 이들은 ph를 낮추는 목적으로 봐야 합니다.

유안비료대신에 황비료를 사용하는 경우도 흔합니다. ph가 높아서

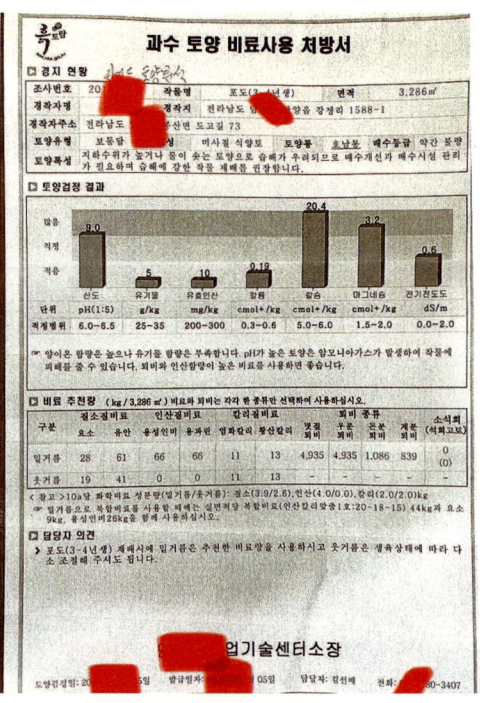

오는 백화현상을 예방하기도 하고 토양의 ph를 낮추는 효과도 있다고 보서야 합니다. 우리나라에서는 ph가 낮은 토양이 많으므로 유럽처럼 유안비료나 황을 사용하는 것보다 반대로 토양의 ph를 높이는 석회를 사용하는 게 좋다고 생각합니다.

황(s)의 황당한 이야기

황이 없으면 작물의 생육은 말짱 황이 됩니다. 그렇다고 황이 많으면 또한 작물은 말짱 황이 됩니다. 그래서 황의 살포는 조심해서 써야 하고 신중해야 합니다.

블루베리 재배에 좋다고 저도 유안비료를 써 본 적이 있습니다. 황산암모늄이죠. 이놈은 무조건 물에 들어가야 합니다. 근데 바닥에 주면 좋다고 해서 티스푼으로 한 숟갈씩 줬다가 잎이 전부 노래지는 걸 경험한 적이 있습니다.

블루베리는 암모니아 태 질소가 좋다고 해서 주었는데 황이 될 뻔했습니다. 암모니아 태 질소라고 해서 식물이 바로 먹는 게 아니고 물에 이온화가 된 것 이후에 먹어야 하는데 바로 토양에 주니 약해가 올 수밖에 없었죠.

작물은 아무 질소나 먹습니다. 일찍 오는 놈부터 먹고 많이 오는 놈부터 먹습니다. 일반적으로 황은 채소류에 좋은 걸로 알려져 있습니다. 농업인들이 오해하는 부분이 황을 주면 당도가 좋아진다고 알고 있습니다.

아닙니다.

황은 맛과 향을 좋게 하는 비료이지 당을 올리는 게 아닙니다. 또한 황은 곰팡이류 병균을 잡는 데 탁월하다고 말합니다.

맞을 수도 있습니다. 하지만 충류나 벌레 잡는 데는 사용하지 않는 게 일반적입니다.

석회유황 합제가 언제부터인지 만병통치약처럼 쓰이고 황이 들어간 제품이 불티나게 팔립니다. 하지만 이런 제품들은 일시적인 유행일 뿐입니다.

요즘 사과농가에서 석회유황 합제도 거의 사용하지 않고 있습니다. 특히 시설재배 하는 농가에서는 황이 들어간 제품은 주의해야 합니다. 초기에는 효과가 잘 나타나나 광합성한 에너지를 이용하게 되는 시기가 오는 피해가 나타나기 시작하는데 처음에는 잘 열리다가 크면서 기형과와 잎이 황하되는 현상이 잘 옵니다. 특히 박과류(오이 등)에서 황당한 피해가 잘 나타납니다.

요즘에 판매되는 유황 제품 중 O복이 O O싹 이런 유황제품들은 초기에는 효과가 좋으나 작물이 자라면서 초기에 주었던 유황으로 인해서 말짱 황이 되는 경우가 많으니 주의하십시오.

모든 작물은 토양에서 작물로 에너지가 이동해야 하는데 황이 조금만 많아도 작물에서 토양으로 에너지가 이동해 버리는 현상이 생겨서 이를 연작장해로 오해하는 경우가 많습니다.

황은 농업인들이 알게 모르게 비료에 많이 들어 있습니다. 모든 황산이란 이름이 들어간 비료도 그렇고 유안 용과린도 황산이 많이 들어 있습니다. 그러므로 굳이 황을 따로 보급하지 않아도 작물은 잘 자고 잘 큽니다.

그리고 농가에서 가장 많이 사용하고 있는 복합비료에도 황이 들어 있습니다.

복합비료의 경우 증량제로 석고 등이 사용되므로 황이 들어갑니다.

황산마그네슘(고토)에도 들어 있고 황산칼슘에도 황산가리에도 또한 농업인들이 주로 쓰는 무슨 산 즉 붕산처럼 산이라는 글이 들어간 거는 거의 황이 들어 있다고 보시면 될 겁니다.

마그네슘(MG)

마그네슘은 엽록소의 구성 성분입니다. 엽록소는 동해나 냉해에 견디는 힘을 키워 주는 전분과 당분을 만드는 데 중요한 역할을 합니다.

중요! 잎에서는 전분과 포도당을 만듭니다. 이 포도당은 과일의 당도에는 직접적인 영향을 못 미칩니다. 하지만 마그네슘의 효소제 역할을 하는 인산과 칼슘 가리가 설탕으로 만들어서 뿌리나 줄기, 잎, 열매

등으로 보내는 역할을 하기 때문에 당을 만드는 건 마그네슘이 만들고 과일로 당을 보내는 건 인산과 가리 칼슘이 한다는 말이 있습니다.

그러므로 당을 만드는 건 마그네슘입니다. (햇볕이 더 정확한 표현이라는 분도 있습니다)
당도가 높은 과일을 만들려면 1년에 3회 이상 황산마그네슘을 엽면살포 하면 좋습니다.

마그네슘 옆에는 늘 망간이 있습니다. 아직 망간이 무슨 역할을 하는지는 밝혀지지 않았습니다. 단지 효소일 거라는 논문만 전해 옵니다.

붕소(B)

붕소는 원소 이름이지 비료의 이름이 아닙니다. 바닥에 주는 입상비료의 이름은 붕사라는 이름을 가진 **붕사비료**입니다.
붕산비료는 잘 녹지 않는 붕사비료를 황산에 녹여 만든 엽면살포비료를 말하는 거니 바닥에 주는 건 붕사비료 엽면살포를 하는 건 붕산비료로 알고 계시면 되겠습니다.
붕소는 세포분열에 가장 많은 역할을 합니다. 이동성은 느린 편이므로 부족하면 줄기 끝에서 먼저 나타납니다. 이 비료는 작물에 따라서 과잉이 잘되는 작물과 결핍이 잘되는 작물이 있으니 참고하십시오.

(들깨, 대추 등은 붕소 과잉이 잘 나타나므로 주의해야 합니다)

바닥에 주는 붕사비료는 8월에 주면 좋습니다. 딸세포의 발육에 도움이 되기 때문입니다.

(즉 꽃눈이 형성되면 그 안에는 숫수술만 만들어져 있고 암술은 만들어져 있어도 숫수술을 키우느라고 못 큽니다. 8월 말경이 되면 암술이 형성되기 시작하는데 이를 딸세포라고 합니다. 이때 붕사비료가 들어가면 암술이 형성됩니다. 튼튼하고 과경이 길어지는 데 도움이 됩니다)

체리에서 쌍자과가 많이 생기는 해에는 이 시기의 기온이 30도를 웃도는 날씨가 되면 쌍자과가 많이 생깁니다. 특히 타이톤과 러시아 8호는 더 많이 생기니 참고하십시오.

이 비료는 비대에 큰 영향을 미칩니다. 외국에서는 비료에 붕소 성분을 잘 넣지 않습니다. 반대로 우리나라는 많은 비료에 붕소가 들어갑니다. 복합비료에도 붕소가 들어갑니다.

외국은 큰 과일 선호가 낮기에 큰 과일보다는 적당한 크기를 원하는 소비자를 위함이고 우린 큰 과일을 선호하는 소비자를 위함으로 붕소는 비대에 큰 역할을 합니다.

앞에서 언급한 대로 암술을 튼튼하게 키우려면 8월에 토양에 주고 비대를 위해서 줄려면 세포분열기 때 주면 좋습니다.

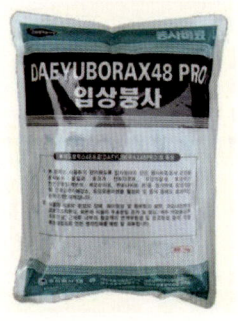 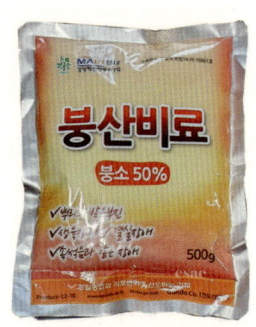

세포분열기란?

우리나라에서 보는 세포분열기와 외국에서 보는 세포분열기는 다른가?라는 생각을 많이 합니다.

우리나라는 일단 개화를 하고 나서부터 (작물마다 다릅니다. 예를 들면 사과는 개화 후 30일, 포도는 20일, 감은 25일, 자두 20일, 체리 15일) 보는데 제 생각은 개화 20~25일 전부터라고 봅니다.

그래서 저는 목면시비를 두 번 정도 권장합니다. 이때 비대 목적이라면 붕산비료를 꼭 엽면살포 해야 합니다.

8월 이후에 수확하는 과일은 효과가 확실하지만 체리처럼 6월~7월에 수확하는 작물은 비대에는 큰 효과를 덜 내지만 냉해피해 예방에는 큰 도움이 됩니다.

붕소는 세포분열에 도움이 되기에 세포분열을 열심히 하는 작물은 냉해에도 견디는 힘이 생긴다고 보시면 될 겁니다.

월동병해충 방제요령

2. 월동병해충 방제약제 사용 요령

□ 동계약제 종류별 사용방법

종류	살포시기	살포농도
기계유 유제	2월 하순 ~ 3월 상순 (싹트기 7일전, 월동기)	복숭아·사과: 800 ~ 1,000mL 배: 500 ~ 670mL / 물 20L
석회유황합제	3월 하순 ~ 4월 상순 (기계유유제 살포 20일 후)	5도액 (석회유황합제 20L / 물 100L)

□ 기계유 유제
- ○ 원유의 주성분이 기계유 유제로서 기름으로 피복, 질식키시거나 기문이나 피부에 침투하여 살충작용을 함
- ○ 기계유 유제 사용 시 주의사항
  - 수세가 약한 나무는 약해의 우려가 있으니 농도를 낮게하여 사용
  - 석회유황합제, 석회보르도액과 같은 알칼리성 약제와 섞어 쓰면 안됨
  - 살포 후 고온 지속 시 약해의 우려가 있음

□ 석회유황합제
- ○ 석회유황합제는 동고병, 흑성병 등의 살균작용과 응애, 진딧물, 깍지벌레 등의 살충작용이 있음
- ○ 석회유황합제는 3월 하순 ~ 4월 상순에 살포하는 것이 일반적이나 발아기를 감안하여 기계유유제와 석회유황합제의 살포시기를 적절히 조절해야 함

* 자료제공: 농촌진흥청 나상수 지도관(063-238-0981)

자료제공: 농촌진흥청

석회유황 합제와 기계유제

앞의 자료는 농진청에서 발간된 자료입니다. 일반 농가에서 사용하는 방법은 기계유제는 깍지벌레류를 잡기 위해서 2~3월 월동기 때 합니다.

주의사항은 기계유제의 양입니다. 500L의 물에 2~3L만 써야 나무에 해가 없는데 18L짜리 한 통을 다 넣는 경우도 있습니다. 나무가 주눅 들어서 나무좀 피해가 옵니다. 절대 주의하시고 요즘에는 식물성오일로 만든 동계유 2L짜리도 나오니 기계유제보다는 식물성오일류를 사용하는 게 더 좋을 겁니다.

기계유제로 효과를 확실하게 보시려면 깍지벌레 약하고 같이 하면 됩니다.

석회유황 합제도 마찬가지입니다. 석회유황 합제가 기존에 사과재배 농가들에 외면받는 이유는 효과가 없다는 겁니다. 그래서 많은 농가들이 사용을 안 하거나 좀 서운하다고 황토유황 합제를 하는 경우가 허다합니다.

황토유황은 500L 물에 2~3L인데 석회유황 합제는 많은 양을 넣는 게 꺼려지는 거죠. 그런데다 두 가지를 다 동계 방제로 하고 핵과류 농가는 보르도액까지 해야 하니 동계 방제를 점점 기피하게 된 걸로 보입니다.

한 가지 동계 방제로 여러 타겟을 노리자

기계유제를 할 때 세균성 약제를 혼용하면 충도 잡고 세균성도 예방할 수 있습니다.

기계유제 2~3L 깍지벌레약과 세균성 예방약 코사이드를 혼용합니다. (아직까지 다른 세균성 약제를 기계유제와 혼용해도 문제가 없다는 성적표를 못 봤습니다. 코사이드 하나밖에 없으니 다른 건 혼용하시면 안 됩니다)

석회유황을 할 때도 마찬가지입니다. 잎이 나오기 전 동계 방제를 할 때 효과를 확실하게 보려면 혼용해야 합니다. 구전에 보면 황산아연과 혼용을 한다고 나와 있습니다.

어느 날부터인지 황산아연이 없어지고 석회유황 합제만 단용처럼 알려져서 그렇죠. 황산아연 천 배를 혼용해서 석회유황 합제와 같이 살포하면 효과는 균과 충을 같이 잡습니다.

요즘에는 이것도 귀찮아서 석회유황 합제를 안 하고 은애나 진딧물만 죽이는 가성 소다를 쓰시는 분들도 있습니다. 싹이나 꽃봉오리가 피기 직전에 즉 싹이 나오기 직전에 가성 소다 2.5kg을 500L의 물에 혼용해서 살포하는 겁니다. 이 한 번으로 1년 내내 응애가 없다고 하니 요즘 많이 사용한다고 하더군요. (경남 농업 기술원 사과 담당자에게 문의 후 사용하세요)

희석배수 조건표

희석배수 조견표(㎖=cc=g)

리터(ℓ) \ 희석배수	100배	200배	250배	500배	1000배	2000배	2500배	5000배
1ℓ	10㎖	5㎖	4㎖	2㎖	1㎖	0.5㎖	0.4㎖	0.2㎖
1.5ℓ	15㎖	7.5㎖	6㎖	3㎖	1.5㎖	0.75㎖	0.6㎖	0.3㎖
2ℓ	20㎖	10㎖	8㎖	4㎖	2㎖	1㎖	0.8㎖	0.4㎖
3ℓ	30㎖	15㎖	12㎖	6㎖	3㎖	1.5㎖	1.2㎖	0.6㎖
4ℓ	40㎖	20㎖	16㎖	8㎖	4㎖	2㎖	1.6㎖	0.8㎖
5ℓ	50㎖	25㎖	20㎖	10㎖	5㎖	2.5㎖	2㎖	1㎖
10ℓ	100㎖	50㎖	40㎖	20㎖	10㎖	5㎖	4㎖	2㎖
20ℓ	200㎖	100㎖	80㎖	40㎖	20㎖	10㎖	8㎖	4㎖
100ℓ	1000㎖	500㎖	400㎖	200㎖	100㎖	50㎖	40㎖	20㎖
500ℓ	5000㎖	2500㎖	2000㎖	1000㎖	500㎖	250㎖	200㎖	100㎖
1000ℓ	10000㎖	5000㎖	4000㎖	2000㎖	1000㎖	500㎖	400㎖	200㎖
2000ℓ	20000㎖	10000㎖	8000㎖	4000㎖	2000㎖	1000㎖	800㎖	400㎖
5000ℓ	50000㎖	25000㎖	20000㎖	10000㎖	5000㎖	2500㎖	2000㎖	1000㎖

농약은 몇 L의 물에 몇 ㎖를 넣으라고 표시되어 있지만 영양제는 천 배, 오백 배 이런 형태로 표시되어 있습니다. 위 조건표를 보시고 도움이 되었으면 합니다.

내가 희석배수를 잘 모르겠으면 무조건 천 배로만 하세요. 천 배란 20L의 물에 20㎖ 500L의 물에 500㎖입니다.

체리 재배에 관하여

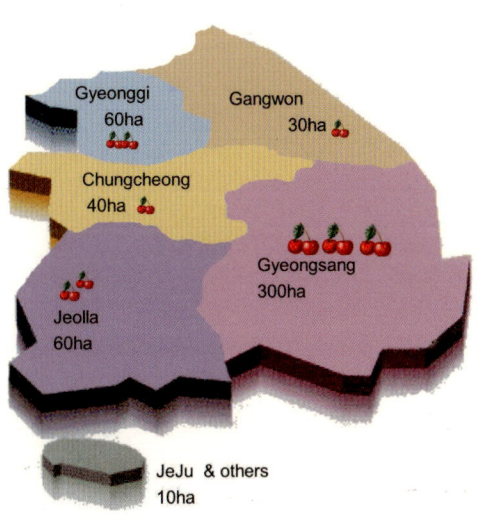

'체리' 재배 면적 급증, 해충 방제 전략 세우세요
(2022. 9. 19. 농촌진흥청)

위 자료는 2020년 농진청 자료입니다. 2022년은 900ha가 넘는 걸로 나오네요.

우리나라뿐만 아니라 전 세계적으로 체리면적은 엄청 늘어나고 있는 추세입니다. 우리나라에서는 제가 17년 동안 체리를 접하면서 보아온 것에 의하면 현재까지 1000ha 이상이 실패하여 체리를 베어내거나 갈아엎거나 다른 작목으로 전환해 온 실정입니다. 우리나라 면적이 급격하게 늘어나고 있는 건 2~3년 전부터지 그전에 식재한 농가들은 현재 유지하려고 매년 갱신 중에 있다고 보시는 게 맞을 겁니다.

저도 2023년까지 갱신을 해야 합니다.

굳이 이유를 붙이자면 품종입니다. 우리나라 유통의 대부분은 도매상보다 중간 도매상에 의해 결정 납니다.

유통기간이 짧은 연육종(일본종)이 대부분을 차지했던 우리나라는 유통에서 무르고 일주일 만에 곰팡이가 생기는 연육종은 유통인들의 외면을 받을 수밖에 없었고(수확 후 처리기술을 몰라서일 수 있음) 상온에서 한 달 유통이 가능한 흑자색 체리가 98%의 시장을 선점하는 신세가 되어 버린 겁니다.

처음 체리를 접하면서 우리가 했던 말이 있습니다. 수입체리는 방부제 처리를 해서 한 달 정도 유통이 가능하나 우리나라 체리는 방부제 처리를 안 하니 국산 체리(일본종)를 드시라고……. 이런 어리석음이 어쩜 국산 체리 발전을 막아 왔는지도 모르겠습니다.

 나중에 흑자색 체리를 키워 보니 아무 처리를 하지 않아도 한 달 넘게 가는 체리가 흑자색 체리란 걸 알고는 그 후론 이런 말은 우습게 됐던 기억이 있습니다.

 저는 이 책을 쓰면서 모든 기준을 흑자색 체리에 관해서만 이야기하고자 합니다. 혹자는 연육종 체리에는 맞지 않는 말이라고 할 수 있으나 연육종 체리가 아니라 경육종(흑자색) 체리 재배에 관한 내용들이니 절대 오해들이 없었으면 하는 바람입니다. 물론 흑자색 중에서도 서미트처럼 경도가 연육종과 비슷한 체리가 없지는 않습니다.
 하지만 국내에 오리지날 서미트는 제가 가지고 있던 걸 없애 버려서 국내에 유통되는 건 중국에서 발견된 가지변이 사밀두이니 그리 알아 주셨으면 좋겠습니다.

체리 품종 이야기

 체리는 산과체리(Tart cherry, 샤워체리)와 단과체리(sweet cherry)로 구분합니다. 산과체리는 우리나라 사람들이 많이 접하는 케이크 위에 올라가는 체리나 요즘 인기 있는 체리주스를 만드는 데 쓰는 가공용 체리를 말합니다.
 신맛과 떫은맛이 있어 생식하기에는 부적적하여 모두 가공용으로 재배합니다. 흔히 체리를 처음 접해서 많이 보는 동영상이 체리 수확하는 기계 모습일 겁니다. 이렇게 기계가 잡고 수확하는 체리 품종이 산과체리(가공용 체리)입니다.

원래 이 기계는 올리브 수확용으로 만든 건데 체리에 적용하니 좋아서 현재는 체리에 더 많이 쓰고 있습니다. 올리브는 왜성화가 잘돼서 현재는 왜성 올리브가 많지만 체리는 교목이다 보니 왜성화를 하는 데도 한계가 있나 봅니다.

샤워체리(P. cerasus)는 야생 체리인 P. avium과 밀접한 관련이 있지만 과일이 더 산성이어서 주로 요리와 잼 만들기에 유용합니다. 나무는 산벚나무보다 작고 키가 4~10m까지 자라며 가지가 잔가지가 있고 짧은 줄기에 진홍색에서 검은색의 열매가 맺힙니다.

과일은 스위트 체리 품종보다 작고 부드러우며 구형인 경향이 있습

니다.(Herbst 2001)

산과체리 품종은 전 세계적으로 150여 종이 있습니다.

Prunus apetala

Prunus avium(야생/단 체리)

Prunus campanulata

Prunus canescens

Prunus cerasus(샤워체리)

Prunus concinna

Prunus conradinae

Prunus dielsiana

Prunus emarginata(쓴 체리)

Prunus fruticosa

Prunus incisa

Prunus litigiosa

Prunus mahaleb(세인트 루시 체리)

Prunus maximowiczii

Prunus nipponica

Prunus pensylvanica(핀 체리)

그중에서 알려진 산과체리 품종들입니다.

체리라는 이름이 튀르키예의 마을인 Cerasus에서 유래했다고 말합니다. 단과체리(sweet cherry)는 우리가 손으로 수확해서 바로 생식하는 체리를 말합니다. 전 세계 모든 곳에서 단과체리는 손으로 수확합니다.

일본 품종(연육종)

일반 농가에서 수확하는 것 　　　묘목 구입할 때 보는 사진

좌등금: 일본의 대표적인 품종입니다. 크기 5~6g 풍산성입니다. 결과지에 달아야 오른쪽 같은 색상이 나옵니다.

흔히 사진만 보고 나중에 열매 열리면 왜 노란색이 더 많은 체리가 열리냐고 하신 분도 있으니 사진만 보고 식재하시는 일이 없으시길 바랍니다.

우리나라에서는 색을 내기 위해선 적뢰 적과를 하고 은박지를 깔아야 합니다. 그래서 식재 전에 무조건 체리 재배 농가들을 들러보십시오. 가서 열린 것도 보시고 맛도 보시고요. 실패한 농가도 상관없습니다. 왜 체리가 안 되는지 어떻게 재배를 했는지를 많이 볼수록 좋습니다.

일본에서 유명한 1개봉 3년지 전정법을 개발한 구로다 미노루 씨는 적뢰 적과 없이 3L 크기의 대과를 생산했으니 이분의 전정법을 익혀서 해 보는 방법도 있습니다.

일본 품종은 국내의 체리 체험 농가에서 많이 재배하고 있으며 경주와 대구 쪽에서는 80년 넘게 재배하고 있습니다.

이처럼 체험 농장에서 흔히 만나는 게 일본 체리 품종인 좌등금입니다. 요즘에는 홍수봉과 3L 좌등금이라고 나온 품종의 묘목도 구입할 수 있을 겁니다. 그 외 일본 품종은 크기는 약간 다르지만 색상은 거의 같다고 보시면 맞을 겁니다.

홍수봉은 색이나 맛에서 더 좋다고는 합니다. 그래서 그런 말이 돌아다닙니다. 이 품종이 뭐냐고 물으면 모르면 좌등이라고 하면 거의 맞는다고요.

좌등금의 수분수로 향하금이 많이 식재됐었는데 지금도 향하금이 더 좋다는 분도 계십니다.

하지만 향하금과 좌등금은 개화 시기가 달라서 절대 수분수로는 어울리지 않은데 좌등금 수분수로 향하근을 판매하고 있으니…… 그래도 열립니다. 그나마 다행이죠.

국내 재배 중인 주요 체리 품종

구분	숙기	주요 품종
조생종	5월 하순~6월 상순	제왕, 조대과, 정광금, 홍진주, 홍유타카, 홍향 등
중생종	6월 중순	좌등금, 홍수봉, 타이톤, 벤톤, 수금
만생종	6월 하순~7월 상순	레이니어, 산형미인, 산드라로즈, 라핀, 스위트하트

※ 숙기는 기상에 따라 빨라지거나 늦어질 수 있음

2017년도 국내 발표자료를 보면 국내 주요 재배품종 중 국내 환경에 적합한 품종이나 유통하시는 도소매 업종에서 좋아하는 품종이나 요즘에 인기 있는 품종은 없을 겁니다. 재배 품종들도 일본 품종 위주이고 제왕, 조대과, 타이톤, 벤톤(정확한 벤톤이 아니고 그 당시에는 시흥 벤톤이라고 칭합니다), 레이니어, 산드라로즈, 라핀, 스위트하트는 일본 종이 아니나 특별하게 제가 보는 관점에는 권하고 싶은 품종들은 아닙니다.

그래도 그 당시에는 품종이 없었으니 저런 품종을 식재한 농가들은 아직도 체리 농장을 유지하고 있는 것만 보아도 우리나라 체리 재배 실력은 절대 뒤떨어지지 않는다고 봅니다.

레이니어: 미국에서 가장 많은 Cherry Picking을 하는 품종입니다. 미국에서 수출보다는 내수판매와 cherry picking을 목적으로 재배를 합니다.

미국 품종 중에서 노란색을 가진 품종은 대표적인 레이니어 품종입니다. 요즘에는 더 고급 품종인 스카이라래이(skylarrea) 품종  까지 수입되니 골라 먹는 재미도 있습니다.

레이니어(rainier) 품종은 국내에 들어온 지 20년도 넘은 품종입니다. 하지만 10년 넘게 수확하고 있는 농가는 한두 농가 외에는 모두 죽거나 도태되었습니다. 도태된 이유는 나중에 열매가 많이 열리면 열매가 너무 작아진다는 농가들이 가장 많았기 때문입니다. 다음은 잘 죽는다는 것입니다. 우리나라에서는 그동안 콜트 대목에 접을 해서 사용하다 보니 결과지가 나오지 않았습니다. 이 품종의 특성상 가지 마름병이 잘 옵니다. 해마다 한쪽가지가 죽어나갑니다.

다음은 동해입니다. 미국에서도 동해에 가장 약한 품종으로 알려져 있다 보니 약간 추운 지역에서도 동해를 입어서 나무가 죽어 버립니다. 저의 농장에서도 마찬가지였습니다.

다음은 기존가지가 너무 굵어지니 저 위에서만 따는 게 너무 어렵다고 합니다.

얼리로빈(Early Robin): 조생 품종으로 열매 크기는 7~8g, 나무는 반 직립형으로 자랍니다. 림슨 대목에 비하면 덜합니다.

결과지가 잘 나오는 품종으로 일본 품종의 특성을 갖는 대신 열매가 급격히 작아지는 경향은 큽니다.

크림슨 대목은 차후 너무 많이 열리므로 강 전정을 해서 적게 열리게 해야 열매가 작아지지 않습니다.

콜트 대목에서는 성장력이 너무 강해서 크림슨 대목보다 1~2년 늦게 열리기 시작합니다.

레디언스펄(radiance pearl cherry): 국내에서는 홍월 또는 산수봉이라 부릅니다.

국내에서 재배되고 있는 연육종 품종 중 가장 좋은 품질을 보여 줍니다.

조생 품종으로 개화는 레이니어와 동시에 개화하나 익는 시기는 레이니어 체리에 비해 7일 정도 빠릅니다.

주변에 레이니어가 있음 레이니어를 베어낼 정도로 품질이나 맛에서 월등한 차이가 납니다. 결과지가 잘 나오는 특성이 있으나 연육종의 특성상 1개봉 3년지 전정법을 배워 두면 더 좋은 품질이 나올 거라 봅니다.

콜트에서도 잘 적응하고 크림슨에서 잘 적응합니다.

2022년 600평에서 10년차 재배하는 농가인데 순수익이 1억이 넘었으니 대단한 풍산성이고 수익에 도움이 됩니다. 단, 모두 직거래 판매로 벌어들인 거라 생각해야 합니다.

묘목 식재 후 다음 해에 바로 화속이 들어오는 품종 중 하나입니다. (차후에 국내 재배 추천품종은 거의 이런 특성을 가지고 있습니다. 콜트이든 크림슨이든 상관없이)

국내에서 재배했고 하고 있는 흑자색 품종

제왕: 이 품종은 극왜성 대목에 접을 해야 화속이 잘 오는 품종이고 헝가리 쪽 품종이다 보니 국내에서 주당 10kg 이상만 열려도 알이 작아지는 특성이 있습니다.

극조생종으로 숙기가 엄청 빠르나 헝가리 쪽에서 60일 만에 익는 품종이 국내에서는 45~47일 만에 익으니 열매를 많이 달면 안 됩니다.

더군다나 왜성 대목에 접을 해야 하는데 콜트에 접을 하면 6~7m는 기본으로 자랍니다. 유사 품종으로 서미트겔, 겔조생이라는 품종이 있습니다. 열매의 크기는 10~12g입니다.

조대과: 중국에서 건너온 품종으로 현재 중국에서도 거의 도태된 품종입니다. 이 품종은 무조건 결과지에 열매가 달려야 하는 품종입니다. 열매가 흑자색이 되면 물러지는 경향이 있으므로 빨간색일 때 수확해야 하는 품종입니다.
대목은 콜트가 적합한 걸로 인식됩니다. 기존에는 기세라 5번 대목에 보급이 마노이 되었으나 열매가 조금만 많이 열려도 죽거나 열매가 작아지는 경향이 많았습니다. 열매의 크기는 10~12g입니다.

브룩스: 조생종 품종입니다. 미국에서는 남부 지역인 캘리포니아 지역에 많이 식재하고 재배하는 품종입니다.
나무는 직립이고 결과지가 잘 나오지 않습니다.
열매는 크고 경도가 대단하여 베어 먹는 체리 정도라고 인식하면 됩니다. 그만큼 단단합니다.
크림슨 대목과는 친화성이 없어서 국내에서 크림슨 대목으로 유통되는 브룩스는 전부 코랄샴페인으로 통합니다.
단단하고 맛이 좋기로 유명합니다. 국내에서 흑자색으로 변하는 시기에 맛을 보면 이 품종을 따라갈 게 없을 정도로 맛이 좋습니다.
개화 시기는 일찍 피는 쪽의 라핀 종류와 같이 개화합니다.

이 품종은 절대 질소분(퇴비 유박 화학비료 등)을 주면 안 되는 품종 중에 하나입니다. 질소분이 있으면 너무 잘 자라는 걸 떠나서 아래 부분의 수피 터짐이 심합니다. 또한 질소분이 있으면 열과에 더 취약해지므로 절대 질소분을 줘서 키우면 안 됩니다. 열과에 엄청 약합니다. 우스갯소리로 주인이 지나가면서 침만 뱉어도 열과가 된다는 품종입니다.

하지만 맛을 보신 분들은 워낙 맛이 뛰어나다는 이유로 식재하신 분들이 있는데 개인적으로 농가에서 먹을 용도로 심은 건 추천하나 돈을 벌어들일 목적이면 권해 드리기는 머뭇거려집니다.

농업인들이 오해하는 점은 하우스나 비 가림을 하면 되지 않느냐 하는 질문을 많이 합니다. 하우스에서도 위험한 게 공중질소에 의해서도 열과가 될 수 있다는 점입니다. 차라리 질소분을 공급하지 않고 결과지에 열매를 달면 열과가 덜한 품종이나 결과지 받아내는 방법은 직립형의 품종이므로 쉽지가 않다는 것입니다.

열매의 크기는 10~12g입니다.

이 품종을 잘 키우는 방법은 KGB 스타일을 가져가는데 처음 식재 후부터 결과지 받아내는 전정법을 도입하면 차후에 도움이 될 걸로 봅니다.

그리고 수확 연수가 많아질수록 열과는 적게 된다는 걸 알면 재배에 도움이 될 것입니다.

코랄샴페인: 국내에서는 브룩스인지 코랄인지 블랙펄인지 구분이 안 되는 품종 중 하나입니다. 크림슨에 접이 안 붙으면 브룩스 크림슨에 접이 되면 코랄로 불리나 정확한 건 이게 맞는지를 모른다는 것입니다.

일잔 국내에서 코랄로 통하는 품종의 특성은 브룩스와 똑같습니다. 단 하나 차이점은 크림슨 5번 대목에 붙는다는 것입니다. 잎으로 구분도 힘듭니다.

둘 다 똑같이 잎면이 좁습니다. 맛은 브룩스에 비하면 약간 덜한 편입니다. 정도로 구분합니다.

블랙펄: 국내에 유통되는 블랙펄은 중국에서 건너온 흑진주가 대표적입니다. 열매의 모양은 서미트처럼 배꼽 부분이 뾰쪽합니다. 결과지가 나이를 먹어야 나는 특성은 블랙 타타리안과 같습니다. 맛은 블랙 타타리안보다 떨어집니다. 블랙 타타리안에 비해 더 많이 무릅니다. 크림슨 대목에는 붙지 않고 콜트와 마하렙 대목에 잘 붙습니다. 화속이 늦게 오는 편이므로 첫 수확을 5~6년은 잡아야 합니다. 콜트와 마하렙 대목에 접을 붙여 판매하는 블랙펄은 무조건 흑진주라고 보면 맞습니다. 나중에는 변할지 모르나 2023년까지는 정확합니다.

또 다른 블랙펄: 이 품종은 위에서 언급한 코랄샴페인과 동일하다고 보면 됩니다. 브룩스와 코랄샴페인과 또 다른 블랙펄이라는 품종은

열매나 나무를 보고서는 구분이 어렵습니다.

미국의 블랙펄: 열과에 강하다고 알려진 조생종입니다. 단 서부 워싱턴 지역에서는 조생으로 알려졌으나 동부 지역의 비가 많은 지역에서는 한 해는 조생이 되고 한 해는 중생종이 되는 품종으로 널리 알려져서 동부 쪽에는 그렇게 매력적이지 않은 품종으로 알려져 있습니다.

겔프로(gelpro cherry): 조생으로 러시아 8호보다 3일 정도 일찍 익습니다. 개화는 라핀 계열보다 1일 정도 늦습니다. 꼭지는 적당히 길며 대과종으로 12~14g으로 산미가 있어서 시원한 단맛이 납니다. 원명은 미국 품종으로 특허가 걸려 있어 알려지지 않은 품종입니다. 열과율은 5% 미만으로 알려져 있습니다.

나무는 반 개장성으로 결과지가 잘 나옵니다. 상품화율이 98%라는 자료가 있으나 국내에서 수확해 본 바로는 아직까진 한 알도 버린 게 없습니다. 농가 소득에 지대한 영향을 미칠 품종으로 봅니다. 대목은 콜트와 크림슨 5번에 다 잘 붙으며 관리하기 나름이지만 식재 당연에 화속까지 붙는 품종으로 수확 시기가 3년째부터는 가능한 품종입니다.

수확 후 저장고에 1~2일 정도 두면 신맛이 약해지고 당도가 올라가서 좋은 품질이 됩니다. 흑자색이 비치면 바로 수확해도 되고 완전히 흑자색이 되면 더 좋은 품질이 됩니다. 만약 비가 온다고 하면 흑자색이 비칠 때 바로 수확해도 문제없는 품종입니다.

타이톤: 중국에서 가장 많이 재배되고 있는 품종입니다. 중국에서는 미조라고 부름 2월부터 수확하여 6월까지 수확하며 2~4월 체리는 무가온 하우스에서 자랍니다. 대량 생산지는 대련 지역의 가장 북쪽인 와방디엔 지역입니다.

2015년 3월 중순쯤 중국 대련 지방 체리 견학을 갔을 때 마트나 공항에서 체리를 판매하고 있는 걸 보고 놀랬던 기억이 있습니다. 1kg

에 12만 원. 그 이후에는 매년 금액이 다운된 것을 볼 수 있었습니다. 2019년 코로나 전에 갔을 때에는 4~5만 원 선이었던 걸로 기억합니다.

앞의 사진처럼 하우스 뒤쪽은 벽돌이나 흙으로 쌓여 있는 언덕입니다. 그 아래쪽에 하우스를 만들고 낮에는 볏짚을 걷어 올리고 밤에는 짚이나 보온 덮개로 씌웁니다.

지면도 대련 지역의 체리 재배는 늘고 있으면 중국은 남한의 면적 정도를 체리 재배 목표로 한다고 알고 있습니다.

국내에서 타이톤이란

중국은 주당 목표량을 정할 때 나무의 크기에 따라 정합니다. 나무 크기가 사방 2m이면 주당 10kg 이내, 사방 3m면 15kg, 4m가 넘으면 20kg, 그 이상 되는 나무는 못 봤습니다. 개인 가정에서는 더 크게 키웁니다.

이렇게 정한 이유는 타이톤이라는 품종 특성 때문입니다. 타이톤은 철저한 적과를 해야 합니다. 과경이 짧아 조금만 많이 열리면 열매가 서로 눌려서 상품성이 없습니다. 그래서 화속당 적과를 합니다. 화속의 50%의 열매를 없애 버려야 수확 시 90% 이상의 열매를 수확할 수 있기 때문입니다.

우리나라에서 이렇게 하라고 하면 인건비 때문에 힘듭니다. 그래서 많은 농가들이 타이톤을 베어내게 된 겁니다.

중국은 80%가 노지 재배입니다. 미조의 수분수는 사밀두(서미트의 변종)를 씁니다. 사밀두를 쓰는 이유는 서미트 품종 특성이 아래쪽 끝부분(배꼽)이 뾰족하니 다른 품종에 비해 유난히 뾰족합니다. 미조(타이톤) 특성상 배꼽 열과가 잘됩니다. 그래서 배꼽 부분이 뾰족한 서미트를 쓰지 않았나 생각됩니다.

버스로 몇 시간을 달리는 체리 재배지 중 라핀을 심는 농가는 거의 없습니다.

우린 라핀이라는 품종으로 수분수가 가능하다고 말합니다. 당연히 수분은 됩니다. 하지만 우린 타이톤을 베어냈습니다. 수분은 되고 잘 열리지만 상품성은 20% 정도밖에 안 나옵니다. 중국처럼 철저하게 라핀을 없애고 사밀두를 수분수로 쓰라는 지침이 없이 라핀이면 다 된다는 인식인지는 몰라도…….

전 세계 자료 어디를 봐도 라핀이 수분수 역할을 한다는 자료는 두 품종 외에는 보지 못했는데 왜 우리는 라핀이면 다 된다고 했을까요? 어쩌면 이런 인식이 체리의 산업화에 발목을 잡고 있는지도 모르겠습니다.

타이톤을 심고자 하신다면 무조건 서미트(사밀두)를 수분수로 쓰십시오. 그러면 최소 중국의 체리처럼은 생산할 수 있습니다.

러시아 8호: 국내에서 가장 많이 식재된 품종으로 중국 연태 체리 연구소에서 대련에서 실패한 러시아 8호 품종 중 가지변이 품종으로 알려져서 국내에 초 히트를 친 품종입니다.

직립형 러시아 8호: 중국에서 접수를 가져와 국내에서 증식한 품종으로 나무는 직립하고 결과지는 타이톤 정도로 나오는 품종입니다. 과경도 타이톤과 닮았고 나무도 잎도 타이톤과 같은 형태를 보입니다. 타이톤을 러시아 8호로 알고 있는 분들이 많습니다.

반 개장형 러시아 8호: 이 품종도 중국에서 러시아 8호로 가져와 국내에 보급된 품종입니다. 특징은 반 개장성인데 익기 전에 유난히 노란색을 가지고 있다가 익을 때 빨강색이 됩니다. 중국의 사밀두와 유사한 품종의 특성을 가지고 있습니다. 열매는 무른 편이라 열과에는 강하나 유통에는 유리하지 않습니다.

중국에는 사밀두가 10여 가지 됩니다. 익기 전에 노란색이 나는 것은 대련 해안가 쪽의 사밀두이고 살짝 노랗다가 바로 빨강색을 가지는 건 와방디엔 쪽의 사밀두입니다.

국내에 들어와서 판매되는 사밀두는 연태(엔타이) 쪽의 사밀두가 많습니다. 하지만 해거리를 잘하고 완전 비풍산성이라 10년생에서 10kg, 수확하기도 힘든 품종입니다. 여기서 말하는 사밀두는 미국의 서미트와는 유사하나 분명히 다르다는 걸 알아줬으면 좋겠습니다.

개장형 러시아 8호: 개장형의 러시아 8호. 이 품종이 진품이라고 말하는 분들이 많습니다. 중국 자료에 나와 있는 특성과 비슷합니다. 15년 전에 중국의 조선족이라는 분에게 돈을 주면서 받아 온 품종이 나중에 알고 보니 타이톤과 사밀두라는 걸 알고는 중국에서 좋다는 품종은 그다지 돌아보지 않게 된 일이 생각납니다.

중국에서도 여러 품종의 체리가 육성되었습니다. 대련의 농업과학연구소에서 왕봉수 박사님부터 20여 품종이 육성되었지만 지금도 미조(타이톤)을 가장 많이 심고 있고 중국에서 육성된 품종은 거의 심지 않습니다. 중국의 여러 품종이 국내에 들어와서 묘목이 판매되고 있는 실정이나 그러한 품종들을 열거하기는 이지 면에서 어렵다고 생각되어 열거하지 않을 생각입니다.

개장성 러시아 8호는 국내에서 콜트에 접을 하여 판매되는데 수분수가 명확하지 않은지 대목과의 친화성 탓인지 완전히 비풍산성으로 6~7년 된 나무에서 5~6kg 정도면 엄청 수확하는 나무 정도이니 본인은 권하지 않는 품종입니다. 어떤 분은 열매가 몇 개 안 열리니 열매가 크다는 거에 많은 분들이 혹한다고 합니다. 잘 열리는 농가가 있으면 거기 가서 보고 식재를 해도 늦지 않음을 참조했으면 합니다.

이 품종의 특성은 개장성의 나무라는 것입니다. 완숙되기 전에 수확하면 물보다 못한 맛이 나므로 완숙된 열매만 수확해야 합니다. 흑자색 체리보다 검은색의 체리로 변해야 본연의 맛이 나는 체리로 완숙시켜서 수확하는 품종입니다. 아직 국내에 주당 10kg 이상 열린 나무가 없어서(국내 들어온 지 10년 정도 됐습니다) 많이 열리면 열매가 작아지는 그대로 유지되는지는 비교를 못해 봐서 본인 입장에서는 딱히 권하지 않는 품종입니다. 열매 크기는 12~14g입니다.

벤톤(benton cherry): 미국에서 빙체리와 늘 어깨를 나란히 하는 품종입니다. 여성들의 입맛에 가장 잘 맞는 체리라는 말들을 합니다. 과경이 길고 12~14g대의 대과로 풍산성이 아닙니다. 벤톤은 시흥벤톤이라는 품종으로 생식생장이 늦어서 수확을 못 하는 농가들을 봤습니다. 특히 콜트에 접을 해서 키웠는데 너무 나무만 크고 열매가 열리지 않는다고 전부 베어낸 품종입니다.
다음 사진은 16년 된 우리 농장의 벤톤입니다. 처음 이 품종을 보급하려고 할 때 많은 분들이 벤톤이 아니라고 했습니다.

이상하게 잎이 약간 꼬이듯이 자랍니다. 심한 편은 아니고 다른 체리나무와는 확연히 차이가 나는 점은 잎이 약간 말린다는 것입니다. 콜트에 접을 해서 그런가 하고 기세라 5번에 해 봤으나 잎의 모양은 똑같이 약간 말렸습니다.

그 중간에 시홍 벤톤이라고 유통되면서 우리 밭의 벤톤은 우리만의 것이 되었습니다. 그리고 10년이 넘어가니 시홍 벤톤은 어디 있는지 모를 정도로 희미해지고 우리 밭에 오신 분들이 맛이 기가 막히다고 너도나도 묘목 좀 달라고 합니다. 그래서 올가을부터 보급을 해 볼까 생각 중입니다.

개화 시기는 다른 체리 품종보다 4일가량 늦습니다.

서리 피해에는 안전합니다. 자가수정 품종이라 큰 무리는 없지만 그래도 다른 품종(겔노트)과 수분이 잘되니 같이 있으면 더 좋은 것 같습니다. 늦게 피는 레기나 품종이 있으나 서로 수분수 역할은 하지 못하는 것 같습니다.

수확 시기는 버건디보다 5일 정도 빨리 익는 조 중생에 속합니다.

이 품종은 버건디와 마찬가지로 우리나라에서는 꽃 오갈병이 잘 나타나므로 개화 전에 무조건 디티아논을 해야 합니다. 그러지 않으면 유과 낙과율이 심합니다.

과경은 길고 꽃눈당 두 개의 열매를 생성하므로 풍산성은 아니나 적당히 열립니다. 체리 재배를 오래하신 분들이 많이 찾는 이유는 풍산성일수록 병이 많거나 손이 많이 갑니다. 하지만 적당히 열리는 이 품종은 적뢰적과가 필요 없고 심지어 전정을 하지 않아도 될 정도로 적당히 열립니다.

앞의 사진은 15년 넘은 벤톤입니다. 50~60kg 정도의 수확을 합니다.

겔노트(gelnote cherry): 이 품종은 처음 수입 시 산드라 로즈라는 이름으로 들어왔습니다.

개화 시기는 레기나처럼 다른 품종에 비해 일주일 정도 늦게 개화하므로 서리 피해가 의심되는 지역에서 좋은 품종입니다. 우리 밭에서 브룩스와 비교해도 맛이 뒤떨어지지 않는 품종입니다. 사람마다 엄청 좋아하시는 분도 있고 좋아하지 않는 분도 있을 정도로 호불호가 분명히 갈라지는 품종입니다.

이 품종은 반 개장성 품종입니다. 열매 크기는 12~14g입니다.

이 품종은 흑자색으로 변하면 물러지는 특성이 있어서 빨강색일 때 수확해서 유통을 시켜야 좋습니다. 저장고에 2~3일 들어간 후 유통시키면 당도가 더 높아지니 참고하면 좋습니다.

콜트 대목보다는 크림슨 대목의 열매가 맛이나 보존 능력이 월등하니 반드시 크림슨 대목으로 써야 좋습니다.

자가수정 품종으로 풍산성 품종이니 아래쪽 배면에 있는 화속을 재거하면 상품성이 좋은 열매를 가질 수 있습니다. 너무 많이 열리는 특성이 있어서 강 전정 위주로 재배하면 좋습니다. 화속이 잘 털리지 않고 병충해에 견디는 힘이 좋아 친환경 재배도 가능합니다.

원래 산드라로즈는 크기가 작은데 이 품종은 sam 품종처럼 열매도 크고 해서 sam인지 산드라 로즈인지를 구분이 애매하여 겔노트라는 이름으로 유통되고 있습니다. 늦게 개화하는 레기나나 지랏의 수분수로도 좋습니다.

버건디펄(burgundy pearl cherry): 이 품종은 펜던트형(많이 쳐지는)의 나무 품종입니다.

열매는 매우 크고 단단합니다. 흔히 애기사과만 하다고 합니다. 초기 전정은 약하게 하고 후기 전정은 강하게 해야 하는 품종입니다.
국내에서 펜턴트형의 체리는 꽃 오갈병에 취약한 면을 보이므로 개화 전에 무조건 디티아논(델란)으로 오갈병 예방을 해 주면 좋습니다.
대목은 크림슨과 콜트에 적응이 좋으며 개화는 일찍 하는 품종으로 애보니펄과 같이 개화합니다.
2008년 코렐대학에서 개발된 품종으로 25년의 품종 특허로 인해 아직 품종보호를 받고 있는 품종입니다.
열과는 거의 없는 품종이면 국내에서는 라핀보다 5일 정도 빨리 익습니다. 열매 크기는 12~14g입니다. 수분수는 첼란, 블랙 타타리안, 애보니펄, 반(국내에 있는 품종)을 쓰면 좋습니다.
중생종 신품종으로는 대단히 매력적이고 좋은 품종입니다. 세력이 위낙 강하므로 식재 첫해에만 비료나 퇴비 유박을 주당 1kg 정도만 주고 그 이후에는 절대 질소질 비료를 투입하지 마십시오. 크림슨 대목은 궤양증상이 잘 나타난다고 하니 특히 질소질을 더 주지 않아야 합니다.

애보니펄(ebony pearl cherry): 이 품종은 버건디펄과 같이 발표된 펄 시리즈 중 하나입니다.
버건디펄과 같이 펜던트형의 나무이고 버건디보다 3일 정도 후에 익습니다. 개화 시기는 일찍 피는 그룹에 속하고 열매는 크고 단단합니다. 버건디와 거의 유사하여 구분하기가 힘듭니다. 차이점은 애보니의 과경이 버건디보다 좀 더 길다는 겁니다.

콜트나 크림슨 대목에 잘 붙고 버건디에 비해 많이 열립니다. 그러므로 3~4년째부터 적게 열리는 전정을 해 줘야 합니다. 너무 많이 열리면 나무가 고사할 수 있습니다. 열매를 많이 달고 싶으면 대목을 콜트에 접하십시오. 그러나 크림슨에 비해 1~2년 정도는 늦게 수확을 시작한다고 인식을 하셔야 합니다. 버건디펄에 비해 결과지 발생이 1년 정도 늦을 수 있습니다. 열매 크기는 12~14g입니다.

수분수는 버건디펄과 첼란, 블랙 타타리안, 반 등(국내에 있는 품종)을 쓰면 좋습니다.

버건디펄에 비해 수지 흐르는 현상은 덜하나 인산과 가리를 자주 주지 않으면 장마 후에 갑자기 죽는 현상이 잘 옵니다.

타마라(tamara cherry): 이 품종은 극 대과종으로 알려져 있으며 매우 단단합니다. 열매의 크기는 13~16g입니다. 열과에 매우 강하고 라핀보다 하루 정도 빨리 익습니다.

시원한 단맛(스파이스, spicy)이 나는 체리로 향기도 좋습니다. 국내에서 재배를 한다면 만생종으로는 이 품종을 권해 드립니다.

수분수로는 필 시리즈와 같이 피고 S1S9의 유전자를 가지고 있어서 수분 능력이 좋습니다. 대목은 크림슨과 콜트에서 잘 적응되며 크림슨이나 콜트도 거의 같은 해에 열립니다. 체코에서 만든 품종인데 체코 자료를 보면 대목을 가리지 않고 호환성이 좋다고 합니다.

수확 시기는 검은색이 돌기 시작하면 수확해야 하는 품종으로 검은색이 되면 초파리 피해를 조심해야 합니다. 이 품종은 반 개장성으로 무조건 결과지에 열매를 달아야 좋습니다.

수분수로 좋은 품종

국내의 체리는 지역별로 차이가 있으나 개화 시기가 세 그룹 정도로 나뉜다고 보시면 됩니다.

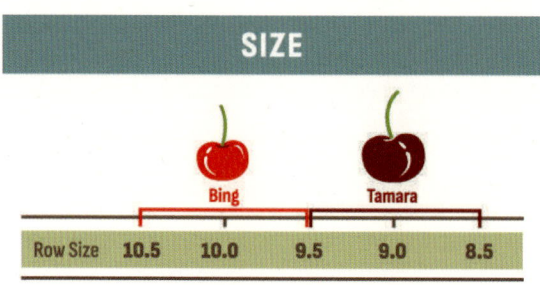

외국 자료에는 개화 시기가 다섯 또는 여섯 그룹으로 나누어지는데 현재 국내에 있는 품종은 거의 세 그룹 안에 다 들어갑니다. 체리라는 나무는 자기의 꽃가루로 수정이 되지 않은 품종이 대부분입니다. 이걸 자가불화합성이라고 하죠. 물론 자가수정 품종도 몇 품종 있습니다. 라핀, 겔노트, 벤톤, 스키나 등이 있지만 외국에서도 자가수정 품종으로 수분수를 맞추는 경우는 거의 없습니다. 수분수가 없다면 어쩔 수 없이 쓸 수는 있지만 라핀과 타이톤처럼 배꼽 열과가 심해지는 경우도 있으니 구할 수 있으면 자가수정 품종보다는 개화기간이 긴 품종을 택하는 게 좋다고 생각합니다.

   수분수로 좋다고 알려진 품종들은 대부분 개화기간이 5~8일까지 되는 품종들이 대부분입니다.

주품종으로 식재되는 품종들은 개화기간이 3~4일 정도이며 그 안에 수정을 해야 하므로 수정 능력은 길어야 2~3일인 경우가 많습니다.

〈표 4-1〉 사과원에서 머리뿔가위벌과 꿀벌의 수분능력 비교

구분	머리뿔가위벌	꿀벌
성출활동기간	개화기중(4-6월)	연중계속(3-10월)
유효활동거리	50-60m(최대500m)	1km(최대 2km)
체이우선순위	꽃가루	꿀
1분 방화수	15송이	6송이
1일 방화수	4,050송이	720송이
주두 접촉율	100%	20.6%
유효 결실율	60.5%	40.5%
1일 유효결실수	2,450송이	30송이

이 표는 체리 밭에 가장 많은 머리뿔 가위벌의 수정 능력을 보여 주는 표입니다. 중국이나 일본에서는 수정벌보다는 머리뿔 가위벌을 많이 이용합니다. 거의 모두가 자가채취를 합니다.

체리 밭에 개화 후에 들어가 보면 다른 과수보다 유난히 벌이 많습니다. 벌 소리로 인해 무서워서 체리꽃밭에 못 가겠다는 분들도 있습니다. 우리 밭도 마찬가지입니다. 혹자는 만개 시에 농약을 살포한다고 하더군요. 깜짝 놀랐습니다. 만개 시에 농약을 살포하면 벌들은 어떻게 되겠습니까? 제발 만개 시에 농약 살포하지 마세요. 물론 사과나 다른 과들은 만개 시에 절대로 농약을 안 한다는 걸 알고 있습니다. 체리가 농가에서 그렇다는 겁니다.

다음 사진은 머리뿔 가위벌 자가 채취 모습입니다.

보통은 신우대를 씁니다. 사진은 가운데에 매듭을 두고 마디 중간을 자른 신우대를 사용했습니다. 이런 형태로 채집하는 것보다 양쪽이 막힌 게 번거롭기는 하지만 더 잘 들어가더군요.

양쪽이 막힌 신우대를 잘 말리셔야 합니다. 먼저 구멍을 6~8㎜의 드릴을 이용하여 뚫어 주고 에어를 이용하여 안쪽을 깨끗이 불어냅니다.

잘 말린 다음에 10~20개 단위로 묶어서 체리 밭이 가까이 있는 건물의 처마에 사진처럼 걸어놓으면 끝. 다른 분들이 분양해 달라고 하면 한 뭉치를 주시고 다시 만들어 걸어 놓으면 됩니다.

체리 개화 시기에 청소를 해 주면 더 좋겠지만 귀찮으면 그냥 두셔도 됩니다. 2~3년 지나고 구멍입구가 흙으로 막혀 있지 않으면 청소를 해 줘야 합니다.

다음으로 벌들이 많이 오는 품종을 보겠습니다.

첼란: 조생으로 열매는 9~10g이며 일찍 피는 버건디 애보니 겔프로 등과 잘 맞습니다. 열매는 단단하고 체리특유의 풍미가 있습니다.

수확 후 꼭지가 마를 정도의 저장을 하면 당도가 높아집니다만 바로 수확 시에는 당도가 좀 약한 편입니다. KGB 수형을 유지해도 꽃눈 털림이 덜합니다. (수분수에 좋은 품종은 거의 이런 특성을 가지고 있습니다)

크림슨 대목이 좋습니다. 다만 너무 많이 열리지 않게 해야 합니다.

블랙 타타리안(BT라고도 함): 백 년이 넘은 품종이나 지금도 미국에서는 많이 이용하는 품종입니다. 특히 빙의 수분수로 잘 맞고 조생으로 맛이 좋아 많이 이용하며 첼란에 비해 약간 부드러우나 당도가 좋아 미국에서는 쿠키 등의 음식에 많이 이용합니다.

첼란처럼 처음에는 KGB 스타일이 가능하나 나중에 결과지가 나오므로 차후 수형을 생각해서 길러야 합니다. 크림슨이나 콜트에 맞으니 우리 밭에는 콜트 대목을 이용한 것만 있습니다.

열매 크기는 9~10g입니다.

반(van, 한때 겔프리로 유통하려고 했던 품종): 중생종으로 개화 시기는 빨리 피는 편이므로 일찍 피는 거와 두 번째 피는 종류와 맞습니다. 열매 크기는 9~10g입니다. 너무 많이 열리므로 간 전정을 하셔야 좋습니다.

콜트보다는 크림 대목이 당도는 더 높아 보이므로 크림슨을 권해 드립니다.

화속재거를 해서 좀 적게 열려야 좋으면 맛이 기가 막히게 좋습니다. 캐나다에서 만든 품종으로 캐나다에서는 추위에 가장 강하다고 합니다.

그 외에 레이니어도 좋고 늦게 피는 레기나나 지랏이 있다면 겔노트를 쓰면 좋습니다. 이 기준은 국내에서의 기준으로 일찍 피는 품종은 라핀과 같이 피는 품종들이고 중간에 피는 품종들은 벤톤과 같이 피는 품종이고 늦게 피는 품종은 레기나와 같은 품종을 말한 겁니다.

지역에 따라 아주 일찍 피는 티오가를 하우스 재배하신다면 국내에서 크리스티나라는 품종이 아주 일찍 핍니다. 정확한 품종 이름은 크리스티나가 아닌지도 모르지만 몇 농가에서 한두 나무는 가지고 있으니 권해 드립니다.

이 품종은 자가수정으로 추정됩니다. 혼자 일찍 피고 열매를 잘 맺는 걸 보면요. 열매 크기는 7~9g 정도입니다.

수분수의 가장 큰 애로점은 주품종의 정확한 품종명을 알아야 합니다. 품종명은 보통의 명사가 아닙니다.

'이 품종은 라핀라고 하더라. 근데 조생이야.' 이런 품종은 안 됩니다. '레이니어일 거야!' 이런 품종도 안 됩니다. 검증된 품종으로 식재를 하십시오.

수분수의 이해

수분수는 수정을 해서 열매가 맺히는 데 중요한 역할을 합니다. 체리는 자가불화합성 품종이 대부분이고 몇 품종만이 자가수정 품종입니다.

자가불화합성이란 자기의 꽃가루를 가지고 수정이 안 되고 남의 꽃가루(다른 품종)를 받아야 수정이 돼서 열매를 열리게 한다는 겁니다.

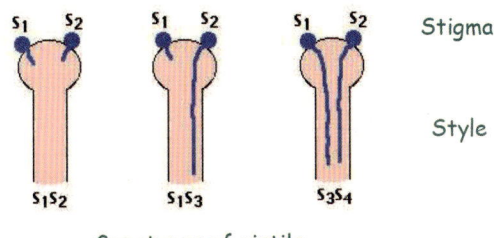

왼쪽 그림은 S1S2 유전자를 가진 품종은 다른 품종과는 수정이 안 된다는 것을 의미합니다. 만약 S1S3의 유전자를 가진 품종이라도 있음 열매는 맺히나 수정율이 떨어지거나 수정이 되도 낙과율이 심하거나 열매 안의 핵이 제대로 성장을 못 해서 발아가 안 되는 거죠.

중국에 갔을 때 인공수정시킨 체리의 씨앗을 잘라 보면 다음 사진처럼 나오는 체리가 가끔 있습니다. 그 이유가 가운데 그림에서 설명하는 것입니다.

종자가 형성되지 않아도 과실이 발육하는 현상을 단위결과(parthenocarpy)라고 하는데 이 현상은 야생과수에서는 좀처럼 보기 어려우나 바나나, 망고, 파인애플, 무화과, 포도, 감, 체리, 감귤 등과 같은 재배과수에서는 흔히 볼 수 있습니다.

가장 오른쪽 그림이 진짜 수분수를 만나 수정이 되는 모습입니다.

수분수 식재 요령

체리 재배에서 수분수라는 건 그만큼 중요합니다. 수분수를 식재할 때는 품종이 같은지를 먼저 봐야 합니다. 믿을 만한 품종이면 주품종의 10분의 1만 심어도 충분합니다.

대부분의 꽃들은 개화 1~2일 전부터 수정이 가능하며 개화 후 2~3일까지가 최고의 수정 시기이므로 수분수는 주품종보다 1일 정도 빨리 피는 게 좋습니다. 사과나 다른 과수들은 수분수를 수확하지 않는 꽃사과류로 식재를 하기에 중간에 한 주씩 식재를 보통 합니다.

하지만 체리는 두 품종 다 수확을 해야 하는 품종이므로 중간에 끼워서 식재를 하면 수확기 때 한 품종은 수확해야 하고 한 품종은 방제를 해야 하는데 무척 어려움이 따릅니다. 그래서 한 밭이면 한쪽에 수분수를 심는 걸 권해 드립니다.

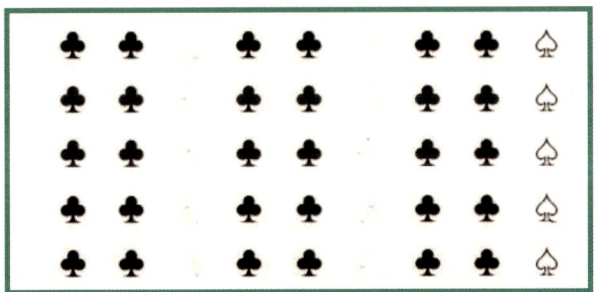

예(♣주품종 ♠수분수)

국내에서 체리 재배란?

국내에서 체리 재배는 힘듭니다. 왜 힘들까요?

어느 누구도 정확한 품종명을 모르고 묘목을 유통시킵니다. 자기 집에서 10년 넘게 수확을 해 보고 아 이 품종의 특성이 이러니 이 품종은 좋고 이 품종은 좋지 않으니 심으면 안 됩니다. 이래야 되는데 무조건 접수를 채취해서 접을 붙여서 묘목을 유통합니다.

'이건 레이니어라고 하는 품종이라고 하더라.'

열매는 보셨나요? 레이니어 특성대로 열매가 열리던가요?

'그런 거 없이. 저 집에서 그렇다고 하더라.'

'유명한 종묘상에서 아님 유명한 사람한테서 가져온 건데 다른 품종 이려고?'

모두 이렇게 인식합니다. 4~5년 지나고 나서 갱신 들어가는 농가가 그동안 100농가면 100농가가 전부 갱신했습니다.

유명한 종묘상에서 가져온 품종인데 왜 섞일까요? 이건 종묘사 잘못이 아닙니다. 우리나라 묘목 유통의 특성이 그리되어 있었습니다. 경상도 모 지역에서 출하되는 모든 과수 묘목이 그랬습니다.

사과를 봐도 알 수 있습니다. 분명 동북7호(후지 모수의 원명)를 식재했는데 보통 다섯 가지 사과가 섞이는 경우가 대부분이었습니다. 그래서 요즘은 지역별로 농협이나 계약 농가에서 묘목을 생산하는 경우가 많죠. 그러다 보니 지금은 사과를 심어도 품종이 혼용된 경우가 극히 드물게 된 겁니다.

사과 묘목의 초창기처럼 체리 묘목 시장이 아직도 이렇습니다.

'브룩스를 식재했는데 4품종이 열리더라.' '라핀을 사다 심었는데 조생이더라. 그래서 조생 라핀이라고 이름을 붙이려고 한다.' 뭐 이런 얘기들이 체리 농가 쪽에서는 흔합니다. 그러다 보니 5년째부터 갱신을 하기 시작하든지 체리를 포기하든지 합니다.

절대 믿지 마십시오. 저도 믿지 마십시오. 특히 이름난 종묘사는 더 믿지 마십시오. 나중에 체리 묘목시장이 사과 묘목시장처럼 안정되면 그때는 맘 놓으셔도 될 겁니다.

그래서 반드시 열매를 보고 묘목을 구입해야 합니다. 열매를 수확하고 있는 농가에 가서 보고 그 품종을 구입해야 합니다.

체리 묘목 시장은 2023년도 아직도 아수라 판입니다. 그리 될 수밖에 없는 이유는 체리의 품종이 너무 많기 때문입니다.

전 세계 체리 품종은 6,000여 종이 넘습니다. 국내에 들어와서 유통되는 품종도 500여 품종이 됩니다. 그러다 보니 이 품종 저 품종 막 가져다 붙여서 판매를 하게 되는 겁니다.

'중국 품종이 좋습니다.' '미국 품종이 좋습니다.' '일본 품종이 좋습니다.'

말들은 많지만 실제 그 나라를 가 보면 정작 농가에서 식재되는 품종은 4~5가지 품종을 넘지 않습니다.

미국의 추천 품종

미국에서 2021년 추천하는 품종입니다. 위 품종 중 다섯 품종은 이미 국내에 들어와 있는 품종으로 여러분들이 흔히 알고 있는 버건디펄은 4년 전부터 묘목 유통이 되고 애보니펄은 2년 전부터 유통이 되더군요.

타마라나 로얄 헤이즐(이건 아마 다른 이름으로 유통될 것입니다)은 2년 후 정도면 유통되지 않을까 생각해 봅니다.

지금 미국에서도 가장 많이 식재하고 있는 품종들입니다. 물론 남부 캘리포니아 지역은 브룩스를 많이 재배하고 있고 체험 농가들은 레이니어나 스카이라레를 재배하고 있지만 앞으로 이런 품종들로 가야 판매하기가 좋다고 선정된 것들입니다.

조생품종 5가지, 중생품종 10가지, 만생품 종 5가지 정도가 미국을 대표하는 품종군으로 알고 있습니다.

워낙 땅이 넓다 보니 20가지 품종으로도 못 채울 수 있지만 주 단위로 나눠 보면 각 주별로 5~6가지 이상의 품종은 권하지 않고 농가별로 보면 우리나라 기준으로 본다면 만 평당 두 품종 정도를 많이 식재하는 편입니다.

만약 지금 체리 재배를 뛰어든다면 천 평당 한 품종만 심으면 우리 나라에서는 충분한 메리트가 있는 작물로 생각합니다.

중국과 일본의 품종

중국의 품종

따홍등, 사미두, 미조(타이톤), 미국 홍등(레이니어), 러시아 8호… 이 정도의 품종이 가장 많이 재배되는 품종입니다.

일본의 품종

좌등금, 홍수봉, 주노하트(홍수봉과 서미트를 모수로 두고 개발)… 일본은 이 정도로 몇 품종만을 선발해서 체리 재배를 하여 산업화를 이루었습니다.

우리도 4~5품종만을 선발하여 체리 재배 농가들이 안전하게 체리를 재배할 수 있었으면 하는 바람입니다. 그래서 많은 품종을 소개하지 않았습니다. 혹여 '우리 품종은 없으니…' 하고 돌아서지 마시고 재배법을 익혀 좋은 농장을 꾸미시길 바라 봅니다.

체리 재배

재배 전 토양 만들기

장마철이나 평상시에도 물이 잘 배어 있는 토양은 유공관을 묻어야 합니다. 장마철에 밭 중간쯤이나 위쪽 어디선가 물이 쏟아나오는 밭은 필수입니다.

그렇지 않고 물이 잘 배어 있지 않은 밭이나 논은 유공관을 필히 묻는 수고를 안 해도 무난합니다. 하지만 두둑은 만들어야 하니 아래를 잘 살펴봅시다.

유공관을 묻을 토양은 유공관을 50~60㎝ 깊이만 묻으면 됩니다. 체리의 뿌리는 20~30㎝ 이내에 자리하기에 더 깊이 묻으면 정말 땅속에서 나는 물만 제거하는 효과가 있지 혹 위에서 스며드는 물은 깊이 묻을수록 효과를 볼 수 없습니다.

그리고 나선 석회를 살포합니다. 사진은 옛날 가루로 된 석회를 뿌리는 모습이지만 요즘에는 입상으로 나온 석회라 저리 먼지가 나지 않고 작업하기가 좋습니다.

얼마나 뿌리면 좋은지를 묻는 분들이 계시는데 많이 뿌릴수록 좋다고 알고 있습니다. 작물을 식재 전에는 생석회를 뿌리는 게 좋고 작물이 있을 때는 고토 석회나 패화석도 좋습니다. 만약 처음에 석회를 넣지 못하셨으면 식재 후에 나무 주변으로 주셔도 무방합니다. 나무가 죽는지 실험해 본다고 한 나무에 패화석을 다섯 푸대를 준 적이 있습니다. 이상하게 더 건강해지더군요.

사과밭에 약을 하면서 살짝만 날려도 약해를 받던 스위트 하트였는데 패화석을 그리 주고 나서는 약해도 안 오더군요. 너무 만생종이라 장마와 늘 겹쳐서 죽으라고 주어 봤는데 오히려 영양제 역할을 했던 것 같습니다. 그래서 다른 부들에게 알려 드리니 많은 분들이 체리 밭에 석회를 덮기 시작하더니 확실히 예전에 비해서 체리나무가 덜 죽는다고 하더군요. 이제는 공식처럼 되었으니 토양 만들면서 석회는 의무적으로 주는 게 좋습니다.

평탄 작업을 하고 다음에 두둑을 만드십시오. 두둑은 다음 그림처럼 만드시면 좋습니다.

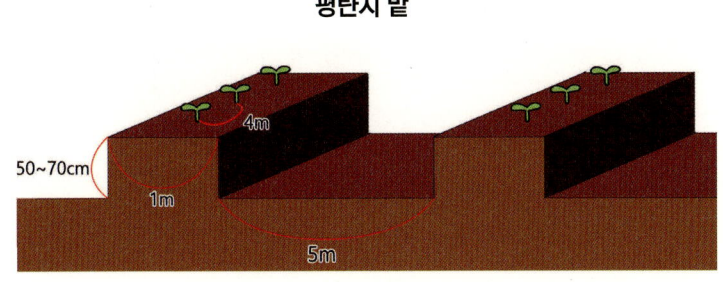

일반적인 논의 두둑식재 모식도

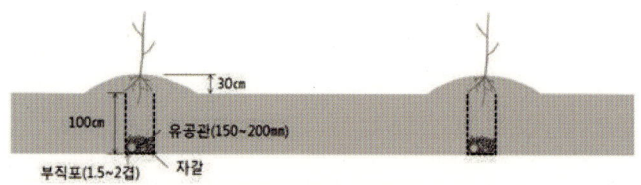

일반적인 밭의 두둑식재 모식도

평탄한 밭이나 논은 1m의 두둑에 골망 넓이를 5m로 만들면 이랑의 넓이가 6m가 됩니다. 이렇게 식재를 하면 6m×4m로 식재를 하게 됩니다. 국내에서 체리를 식재해서 돈을 벌고자 하시면 최소 넓이입니다.

천 평이 넘는 면적 또는 2~3천 평 이상이 될 때는 저는 이랑 넓이를 7m 아님 8m로 더 넓게 잡으라고 합니다. 50~70㎝가 높을 것 같으면 밑의 그림처럼 30㎝ 높이로만 하셔도 좋습니다. 최소 30㎝는 높이는 게 좋다는 의미입니다.

경사진 밭이 있다면 다음 사진처럼 만들면 됩니다.

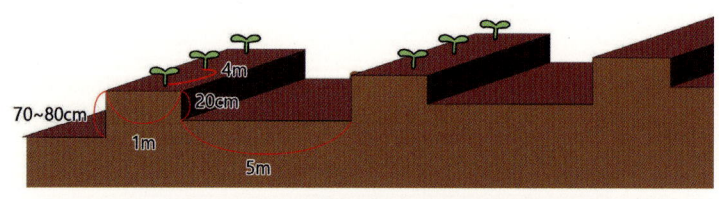

경사지 밭

유공관을 묻는 것보다 위의 그림처럼 두둑을 만드는 게 더 효과적인 이유는 두둑이 있으면 절대 물에 잠길 일이 없기 때문입니다. 체리는 물에 잠기는 시간이 잠깐이래도 죽는 경우가 많습니다. 더군다나 뿌리가 뻗어 가면서 두둑에서 평지로 뻗을 때 휘어져서 가야 합니다. 이 효과는 위 나무줄기를 유인하는 효과를 볼 수 있기 때문에 두둑을 만들면 생식 생장으로의 변환이 빠르다고 보는 게 맞을 겁니다.

이랑이란

보통 이랑의 넓이 또는 이랑이라고 많이 하지만 정확한 이랑은 어디서부터 어디인지를 질문하시는 분들이 있어서 알려드립니다.

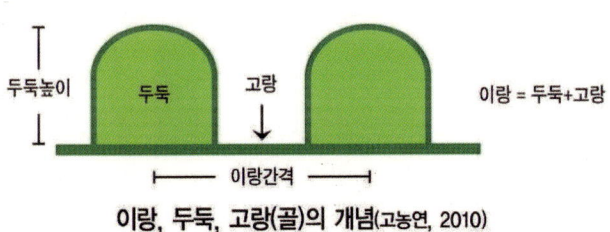

이랑, 두둑, 고랑(골)의 개념(고농연, 2010)

식재

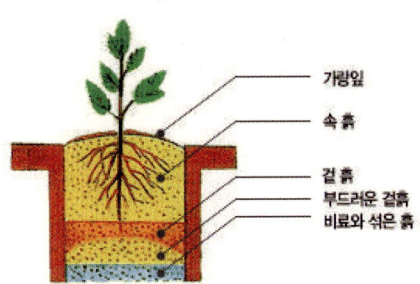

산림청에 나와 있는 나무 식재 방법입니다. 이는 산에 심을 때 하는 방법입니다.

밭에 심을 때 아래쪽에 비료나 퇴비를 넣으면 나무는 잘 죽습니다. 그냥 맨 땅에 심으세요. 기존에 농사짓던 토양이면 체리는 그냥 심는 게 좋습니다. 다른 과수도 마찬가지로 기존에 농사짓던 토양이면 식재 전에 퇴비나 비료를 굳이 주지 않아도 됩니다.

복토를 했거나 개간을 한 토양은 두둑 작업을 하기 전에 퇴비를 주고 평탄 작업을 하고 두둑을 만들면 되지만 기존 토양은 식재 후에 표층 즉 땅 위에 주시는 게 더 안전합니다.

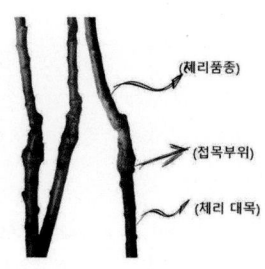

체리 묘목을 구입할 때는 품종을 선택한 후 대목의 길이를 봐야 합니다.

대목의 길이가 15~20㎝는 되어야 제대로 된 묘목이라고 보셔야 합니다. 대목의 길이가 짧으면 체리 농장은 무조건 실패합니다. 10㎝ 미만의 대목이면 구입을 포기하시길 권해 드립니다.

체리에 대목을 왜 쓰는가?

체리는 많이 크는 교목입니다. 10m 이상부터 20m까지도 큰다고 합니다. 이 높이에서 열매를 수확할 수는 없다 보니 친화성이 있으면서도 잘 크지 않은 같은 종의 나무를 찾든지 교배시켜서 만들어 냅니다.

요즘에는 대목의 종류도 다양하지만 몇 년 전까지만 해도 서너 가지 뿐이었습니다.

대목을 쓰는 이유는 다음과 같습니다.

① 일부 품종의 생산성이 증가
② 다른 품종의 적당한 오버세팅
③ 과실 크기를 손상시키지 않으면서 조숙하고 일관된 착과
④ 나무의 크기 조절
⑤ 조기착과
⑥ 질병 저항성

모든 과수는 이러한 이유로 대목을 쓰며 거기에 접을 붙여서 키웁니다.

체리에 쓰이는 대목

비가 덜하거나 석회암 지대 그리고 사막화 지대를 가진 지역에서는 왼쪽에 있는 그 왜성 대목들을 사용합니다. 그래서 한때 우리나라에서도 기세라 대목이 히트를 친 적이 있었습니다. 왼쪽 왜성으로 갈수록 아시아 쪽이나 비가 많은 지역은 잘 죽는다는 겁니다. 그래서 아이러니하게도 기세라 대목을 사용한 묘목을 식재한 농가는 열매를 수확하는 목적보다는 나무를 보호하기 위해서 비닐을 씌웠다는 우스운 말

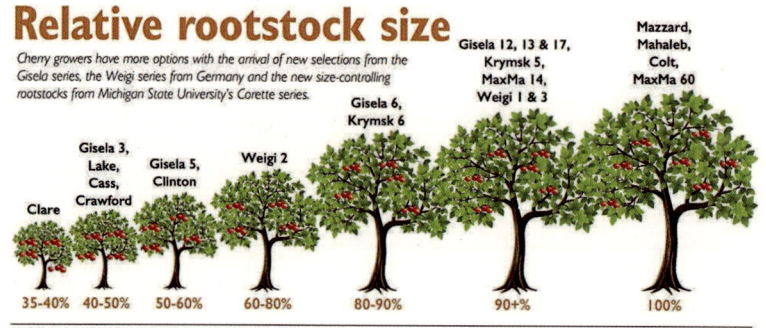

들이 돌았습니다.

 그들이 왜성 대목을 쓰는 이유는 밀식이 우선입니다. 그들은 밀식하고 주당 10㎏을 넘지 않게 관리를 합니다. 그만큼 많은 전정을 해서 열매를 조금만 가져간다는 말입니다.

 반면에 아시아나 미국 동부처럼 비가 많은 지역은 키가 큰 콜트나 마자드 대목을 많이 사용합니다.

 일본은 콜트와 청엽(열매로 번식하거나 삽목이 잘돼서 벗나무 대목으로 사용합니다. 콜트보다 더 잘 자라며 친화성이 약해서 몇 년 지나고 바람이 조금만 세게 불면 접목 부위가 잘 부러집니다) 대목을 주로 이용합니다.

 중국은 마하렙과 대청목(중국 산벗나무)을 주로 사용합니다. 미국 동부는 마자드를 주로 사용합니다. 한국은 기존에는 청엽 대목과 콜트를 많이 썼지만 지금은 콜트와 크림슨 5번을 많이 사용합니다.

 일반 시장에는 아직도 벗나무 대목을 사용해서 묘목을 생산하고 유통하는 분들도 있다고 합니다. 하지만 벚나무는 권해 드리고 싶지 않습니다. 국내에서 벚나무 대목의 체리는 3~4년 열리고 나면 나무가 잘 죽어 버리더군요. 그리고 이중접목묘도 판매하는 곳이 아직도 있을 겁니다. 즉 뿌리 부분은 청엽 대목을 쓰고 그 위로 콜트나 기세라를 접해서 판매하는데 굳이 이런 묘목을 사용할 이유가 없다고 봅니다.

어차피 청엽 대목은 죽여 버리고 그 위의 대목에서 뿌리가 나와야 하는데 이러다 보면 청엽 대목이 죽는 시간 동안 나무는 몸살을 합니다. 그러다 장마철을 만나면 잘 죽어 버립니다.

한번 접하고 자근묘 중에서 콜트나 크림슨 5번을 구매하시길 권해 드립니다. 묘목을 구입하실 때 꼭 참고하십시오.

체리나무 식재 요령

체리나무를 구입해서 식재하실 때 주의해야 할 사항입니다.

먼저 접목 부위에 비닐이 제거 되지 않았으면 접목 비닐을 제거 하십시오. 그다음 긴 뿌리는 다듬어 주십시오.

약 10㎝ 정도만 남기고 전부 자르면 좋습니다. 뿌리가 좋다고 그냥 심는 것보다 다듬어서 잘라내고 심는 게 훨씬 좋습니다.

사진처럼 굵은 뿌리를 잘라내면 그 부위에서 가는 뿌리 수십 개가 나옵니다. 그래서 활착이 더 좋아지고 나무가 건강해집니다.

구덩이는 절대 깊이 파시면 안 됩니다. 체리나무는 천근성 교목이

므로 20년이 자라도 모든 뿌리의 깊이는 20~30㎝ 이내에 모두 있습니다. 단지 옆으로는 정말 멀리 갑니다.

뭐 나중에는 20m까지 가서 남의 밭에서 거름 빨아먹는다는 말이 있을 정도로 멀리 갑니다. 그래서 구덩이는 최대한 얇게 파십시오. 대목이 많이 보여야 합니다. 보일 수 있는 최대치로 보여야 왜성의 성질이 나타나기도 합니다. 대목이 조금 보이면 나무만 더 잘 큽니다. 그런다고 너무 깊으면 죽어 버립니다.

구덩이 깊이는 최대한 얇게 파서 뿌리만 묻어야 좋습니다. 그래야 잘 삽니다.

식재 전 소독약은 다이센M을 권해 드립니다. 엠(M)은 망간에서 추출한 방선균이라는 말입니다.

체리는 석회암 지대가 원산지입니다. 즉 알칼리 토양에서 자랐다는 겁니다. 그렇다고 토양을 알칼리로 만들기는 힘듭니다.

나무는 토양에 있을 때는 토양에 적응을 하지만 굴취를 하면 모태로 돌아가려는 본능이 있습니다. 그래서 알칼리 쪽에서 부족하기 쉬운 망간추출 농약을 쓰는 게 좋다고 알고 있습니다.

　망간농약을 사용하고 아연 결핍 현상(총생잎이 나오는 것)이 덜 온다는 자료가 있으니 망간 농약을 사용하면 소독도 되고 양분 결핍도 막아 주니 좋을 겁니다. (소독물에 30분 정도 담그시면 좋습니다)

　더 좋은 방법은 구덩이를 파고 물을 주기 전에 주든지 모두 마무리를 하고 주든지 마이코리자균을 (비료로 나옵니다. 이 균은 뿌리 부근에서 뿌리와 같이 공생하는 균으로 뿌리의 균이라고도 부릅니다. 마이코리자균은 한 주당 1~2g 정도만 주면 망간 효소와 같이 효소 역할을 해서 뿌리 발달에 좋은 역할을 한다고 알려져 있습니다) 같이 주면 좋습니다.

　주의사항은 무조건 토양이든 구덩이든 주고 나서 48시간 이내에 물에 용해되어야 합니다. 만약 제때 물을 주지 않으면 효과는 70% 이상 떨어져 버립니다.

　다음 페이지의 사진처럼 물을 듬뿍 주고 위에 흙을 덮어 줍니다. 그리고 물을 줬을 때는 절대 발로 밟지 않습니다. 토양이 다 져져서 뿌리 뻗음이 방해받을 수 있기에 물을 주면 밟지 않고 물을 주지 않았으면 발로 살짝 밟아 줍니다.

 오른쪽 사진은 물을 주고 흙으로 덮은 곳을 손으로 마무리하는 모습입니다. (체리나무 블로그에서 펌) 물을 주는 방법은 15일 한 번 정도 듬뿍 주면 됩니다. 11이나 12월에 식재하셨으면 봄까지 그냥 두셔도 됩니다.
 겨울에 눈이 오거나 비가 가끔이래도 온 농가는 2월 말까지는 물을 안 줘도 무방하지만 겨울에 눈이나 비가 오지 않은 곳에서는 2월 초에 물을 한번 듬뿍 주시면 좋습니다. 그 후 3월부터는 15일에 한 번씩 물을 주시면 됩니다.
 봄에 식재하신 농가는 3월 초부터 15일 간격으로 물을 듬뿍 주고 15일 동안은 말리는 게 좋습니다. 그 안에 비가 오면 물을 줄 필요가 없습니다. 물을 너무 자주 줘도 어린 묘목은 잘 죽습니다.

화분 묘목 심는 요령

사진제공: 엑스플랜트

체리나무는 절대 분을 떠서 옮겨 심으면 안 됩니다. 이유는 잘 모르겠으나 외국 어디에도 체리나무를 옮겨 심으면서 분을 떠서 옮겨 심는 걸 본 적이 없습니다. 보통 노지에서 키우다 하우스로 옮겨 심는 경우가 많습니다. (특히 중국은 많이 옮겨 심습니다)

화분도 마찬가지입니다. 화분묘를 심으실 때 화분에서 그냥 뽑아서 토양에 식재를 하신 분들이 많은데 그냥 토양에 심으면 나무는 잘 크지 않거나 잘 죽습니다. 일단 화분에서 뽑아내십시오. 흙을 털어 내십시오. 잘 안 털어지거든 물에 담가 헹구면 잘 털어집니다.

뿌리를 자르고 정리하십시오. 소독물에 담그시고 토양에 식재하시면 됩니다. 이렇게 안 하실 거면 화분에서 뽑아내고 돌아 있는 뿌리 즉 눈에 보이는 뿌리를 자르시고 그대로 심으셔도 됩니다.

큰 체리나무를 옮겨 심는 방법도 마찬가지입니다. 보통 3월에 많이 옮겨 심습니다.

물탱크 설치 방법

밭이 평지이면 크게 문제가 안 됩니다. 오른쪽이든 왼쪽이든 편한 곳에 설치하면 됩니다. 경사가 있는 밭이 문제입니다.

다음 그림처럼 1번에 설치를 하면 좋은데 부득이 하게 2번처럼 밭 위쪽에 설치할 때가 문제입니다. 밭 위쪽에 물이 내려가면서 점적 호스든 스프링클러를 통해서 물을 주게 되면 아래쪽에 있는 체리 묘목은 물에 치여서 죽을 수 있고 위쪽의 나무들은 가물어서 죽을 수가 있습니다.

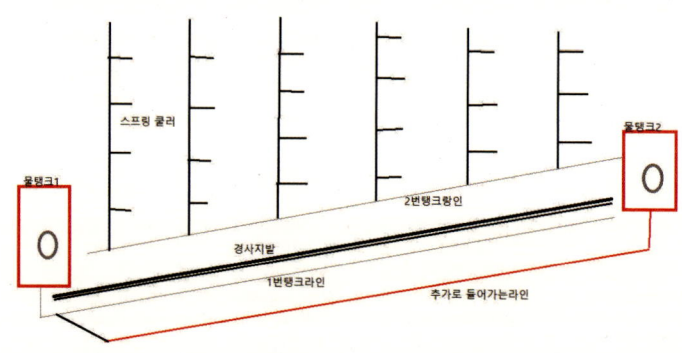

국내에서 판매되는 스프링클러는 압력보정이 되어 있는 건 단추 형

태나 이태리제 점적 호스 두 가지만 압력보정이 되어 있습니다. 나머지는 압력보정(물을 주면 위든 아래든 전체가 물의 압력을 받아서 동시에 물이 나오는 것)이 되어 있지 않습니다.

그래서 밭 위쪽에 설치된 물탱크에서 추가라인으로 먼저 물이 내려가고 올라오는 라인에서 분배를 해 줘야 온 밭이 동시에 나옵니다. 압력보정이 되어 있는 것도 심한 경사지에서는 약하더군요.

묘목 식재 후 1~4년 정도는 점적과수가 좋아 보입니다. 나무 주변에만 물을 주기에 물의 허실리가 없어 보여 좋습니다.

4년이 넘어가면 뿌리의 길이는 5m를 넘어갑니다. 우리나라는 가뭄이 올 때는 2~3개월 동안 비 한 방울 안 올 때가 많습니다. 특히 봄 가뭄이 심합니다.

체리는 봄에서 여름으로 넘어갈 때 수확하는 나무입니다. 열매가 없으면 물도 덜 필요하나 열매를 키울 때는 물이 많이 필요합니다. 그래서 저는 처음 하실 때 스프링클러를 하시라고 권해 드립니다.

식재 후 퇴비 주기

우리나라 사람들은 나무는 참 잘 키웁니다. 어떻게든 나무를 키우려고 퇴비나 유박 비료를 참 많이도 줍니다. 그래서 체리 재배가 어렵다고들 합니다.

체리를 수확하고 싶으면 퇴비 유박 비료를 안 주면 됩니다. 체리를 안 따고 나무만 키우고 싶으면 매년 퇴비나 유박을 주시면 됩니다. 근데 이걸 못 지킵니다.

체리 못 따는 농가 중 99%는 매년 퇴비나 유박을 줍니다. 그렇게 나무만 키웁니다. 체리는 열매를 따야 하는 나무입니다. 퇴비나 유박 안 줘도 미치도록 나무만 큽니다.

기존에 농사짓던 토양이면 식재 전이나 식재 후에 퇴비나 유박을 줄 필요가 없습니다. 물만 잘 주고 잘 말리십시오. 만약 개간지나 흙을 복토한 토양에는 식재 전에 계분 퇴비를 주시고 2~3회 갈아엎으셔야 합니다. 흔한 게 우분이라고 우분 퇴비는 5회 이상 갈아엎으신 다음에 두둑을 만들어야 좋습니다.

우분을 많이 넣고 많이 갈아엎지 않은 토양에서는 날개무늬병이라 부르는 문우병이 4~5년 후에 나타납니다. 문우병은 흰날개 무늬병, 자주날개 무늬병이라고 균사의 색에 따라 부르는 이름이 다릅니다.

계분을 주고 두둑을 만들어 식재하셨으면 이제 물만 잘 주시면 됩니다. 기존에 농사는 지었는데 땅이 좀 메마른 토양은 식재 후에 표층 (땅 위)에 유박이나 퇴비를 주십시오. 한 주당 1kg이 넘지 않게 고르게 펴서 나무 주변에 주십시오. 비가 자주 올 때는 퇴비를 주시면 덜 좋습니다. 비가 오지 않는 날이 5일 이상 지속될 때 주면 가장 좋습니다.

그러고 주시면 안 됩니다. 언제까지 퇴비나 유박을 주지 않아야 하느냐? 한 나무에서 5kg 이상의 체리를 수확할 때까지 안 주시면 됩니다. 그 이후에 주십시오.

우린 체리나무를 키우는 게 목적이 아니고 열매를 따는 게 목적입니다. 체리를 따기 싫으시면 매년 퇴비나 유박을 주십시오. 만약 나무는 잘 크는데 어떤 나무는 안 크고 있으면 그 나무만 주십시오.

이때도 퇴비나 유박을 주기보다는 벼 이삭거름인 NK비료를 두세 주먹 주고 한 달 후에 봐서 안 크면 한 번 더 주고 자라기 시작하면 안 줘야 합니다.

제초 작업

흔히 농사는 풀과의 전쟁이라고들 합니다. 풀은 늘 잘 자랍니다. 봄에는 잎이 넓은 종류의 풀이 나오고 여름에는 잎이 가는 화본과들이 나옵니다. 그래서 요즘에는 부직포를 많이 씁니다. 특히 친환경으로 농사를 짓는다는 몇몇 분들은 풀이 싫어서 잡초매트를 깔았다고 자랑합니다.

아닙니다. 잡초매트든 부직포든 과수원 토양에 덮었다는 것은 나무에게도 안 좋고 토양도 죽이는 행위입니다. 그 밭에서 나온 과일은 건강을 주는 게 아니고 건강을 위협하는 과일입니다.

　5월에 덮었다가 풀이 안 나는 9월에 걷은 토양은 그나마 이해합니다. 부직포를 덮고 싶거든 5월에 덮었다가 9월에 걷으셔야 합니다. 그나마 이 정도는 토양을 죽이지는 않습니다.
　더 좋은 방법은 덮어서 15일 정도 두면 풀이 죽습니다. 그러면 다시 걷어내고 20일 정도 지나면 다시 덮는 게 부직포의 원리이지만 이렇게 과수원을 관리하기가 어렵습니다.
　그래서 저는 평지에는 풀을 키우고 두둑에는 제초제를 사용하라고 합니다. 단 제초제를 사용할 때는 침투이행성이 있는 근사미류는 안 됩니다. 흔히 말하는 바스타류만 사용해야 합니다. 두둑은 사막화를 해 주면 좋습니다.
　3~4년 제초 작업을 하면 나무 밑이라 풀도 잘 안 나옵니다. 두둑에는 무조건 제초제를 하십시오. (바스타, 바로바로, 삭술이 등)

초기 전정

 1~2년째 초기 전정은 수형을 만드는 데 중요한 역할을 합니다. 우리나라 체리 재배 농가에서 광풍이 불었던 KGB 수형을 형성하기 위해 초기에 2~3년 동안 가지를 30개까지 받아야 한다고 많은 농가들이 선생님처럼 가르치고 떠들어 밀어붙였지만 현재 KGB 수형으로 7년을 넘긴 농가가 없고 그 후로 UFO 수형이내 v-UFO, v-v-UFO 수형들로 다시 밀어붙였습니다. 하지만 현재 7년을 넘게 끌고 가는 농가가 없다는 걸 명심하시고 도전하십시오.

 전 세계에서 1~2% 내외 그것도 연구 목적으로 하는 수형이 앞에서 언급한 수형입니다. 더군다나 연구 목적도 절대 콜트나 크림슨은 안 씁니다. 기세라 5번도 잘 쓰지 않고 거의 기세라 3번처럼 극왜성 대목만 사용해서 연구를 하고 있습니다.

 기세라 5번이나 3번처럼 왜성 대목은 국내에 적응이 안 된 걸로 알고 있습니다. 한때는 왜성 대목이라고 해서 엄청나게 팔리고 국내에 식재됐으나 자연사하거나 도태되었습니다. 그 대목을 전문으로 판매하던 묘목상도 문을 닫을 정도니까요.

 식재 후 많은 분들이 문의합니다.

 '무릎에서 자르면 되나요???????'

 '아닙니다!!!!!'

 '그러면 허리에서 자르면 되나요??????'

 '아닙니다!!!!!'

 품종에 따라 다르고 우리 밭 즉 식재지의 모양에 따라 달라야 합니다. 평지 밭일 경우는 옛날 품종들은 무릎에서 잘라서 키우셔도 됩니다. 하지만 펜던트형인 애보니나 버건디는 허벅지나 허리쯤에서 자르시는 게 좋습니다.

만약 두둑을 만들었을 경우는 두둑 아래에서 재어 보십시오. 두둑이 많이 높으면 아랫눈 3~4 정도 두고 자르셔야 합니다. 그렇지 않으면 너무 높아져서 수확할 때 힘들어집니다.

식재 후 첫 번째 할 일

무조건 고라니망(해태망)을 치셔야 합니다. 고라니가 한 번 와서 먹은 거는 살아날 가능성이 있지만 두 번 먹어 버리면 그 나무는 죽습니다. 체리는 고라니가 엄청 좋아합니다. 콩이 있어도 콩 안 먹고 체리부터 먹을 정도로 체리를 좋아합니다. 파란 고라니망은 언제 넘어와도 넘어옵니다. 무조건 해태망을 치시든지 전기 목책기를 설치하든지 해야 합니다.

우리 밭은 산 밑이라 목책기를 하고 바깥쪽에 해태망을 또 했습니다.

그다음 비료나 퇴비 유박을 5월 중순경에 한당 1kg 정만 주십시오. 기존 농사짓던 토양은 다른 거 안 주셔도 잘 자랍니다. 복토를 했거나 개간을 했다면 밭 전체에 유박을 골고루 뿌려 주시면 지력을 회복하는 데 도움이 됩니다.

그 이후에는 퇴비나 유박을 안 주시는 게 열매를 맺히는 데 도움이

됩니다.

　나무 안에 화분 발아 조건을 만들어 주는 데 가장 필요한 비료는 칼슘과 붕소입니다. 이 성분이 부족하거나 질소질이 많으면 화분 형성에 도움이 되지 않습니다. 칼슘(석회)과 붕소는 매년 한 번씩 주면 좋습니다.

　체리는 식재 후 2년이 되면 기내 화분 발아 조건 즉 잎의 숫자는 충분하므로 3년째부터는 열리기 시작합니다.

　그러므로 질소질 위주보다는 못 크게 인산가리 위주와 붕소 칼슘을 적절하게 시비하여 3년째부터는 체리가 열려야 수세 안정에 도움이 됩니다.

　수형은 신경 써서 안 만드시는 게 국내에서나 전 세계 체리 재배 농가들에게는 도움이 됩니다. 수형 때문에 체리 실패하신 분들을 너무 많이 봤습니다. 수형은 배우되 버리시는 게 좋습니다.

이 사진의 동그라미 부분을 닭발이라고 부르는데 초기부터 개심형을 선택하신다면 이 닭발만 전정하십시오.

물론 원 안에 있는 가지 중 한 가지는 두고 나머지는 없애는 게 닭발 전정입니다. 내가 키우고 싶으신 방향의 가지를 두고 나머지는 없애 버리십시오. 첫해에 가지 두 개 이상만 나오면 크게 문제 안 됩니다.

많으면 6개의 가지를 두고 나오는 닭발만 정리하시면 됩니다. 나머지는 절대 자르시면 안 됩니다.

이렇게 키우는 방식은 결과지 발생이 쉬운 품종군을 식재했을 때입니다. 반 개장형 품종이나 펜던트형의 품종을 식재했을 때 이렇게 하시면 좋습니다.

반대로 직립형 품종을 식재했다면 전혀 다른 방식으로 키워야 합니다. 즉 직립형 품종의 경우 KGB 수형이나 UFO 수형이 가능하다는 외국 자료가 있습니다. 반드시 기세라 3번 정도의 왜화성을 가진 대목에서 시행하시길 권해 드립니다.

[국내에 유통되는 직립형 품종: 라핀, 브룩스, 레이니어, 첼란, 코랄 샴페인, 등 / 반 개장형 품종: 겔노트, 겔프로, 타이톤(이 품종은 애매한 품종군) / 펜던트형 품종: 애보니펄, 버건디펄, 러시아 8호 등]

직립형 품종이 아니라면 거의 평생을 닭발만 전정한다고 생각하십시오. 나이를 먹어 가면서 겹치는 거나 안쪽으로 향하는 것을 솎아내기 정도만 하십시오. 체리를 따기 싫으면 과감한 전정을 하시면 됩니다. 체리는 자르면 자를수록 안 열리고 퇴비를 주면 줄수록 안 열립니다.

열매를 따고 싶으면 안 자르면 됩니다.

열매를 따기 싫으면 자르시면 됩니다.

어디를 자르든 마찬가지입니다.

열매를 따기 싫으면 매년 유박과 퇴비를 주십시오.

열매를 따고 싶으면 유박과 퇴비를 주지 마세요.

초기 전정에서 절대 주의해야 하는 전정

체리 재배하시는 분들이 오해하시는 게 있습니다. 전정에 관한 부분입니다. 외국 자료를 보면 과도한 전정 체리 열매를 주지 않는다고 합니다. 과도한 전정은 좋지 않다는 걸 많은 분들이 알고 있습니다.

여기서 문제를 일으킵니다. 난 순집기만 했지 과도한 전정은 안 합니다.

하시는 분들에게 묻고 싶습니다.

'순집기는 전정일까요, 아닐까요?'

순집기도 전정입니다. 많은 분들이 순집기는 전정이 아닌 걸로 알고 계시는데 나무를 자르는 것 자체는 전정입니다.

두절 또는 헤드컷. 어디서는 막음 전정 또는 절단 전정이라고들 합니다. 이 전정을 하면 어찌될까요?

수형을 만들기 위해서?

모양을 이쁘게 만들기 위해서?

열매를 많이 달기 위해서?

아닙니다…….

나무를 키우기 위해서입니다.

자름(절단) 전정의 위험성

새 가지가 강하게 생장하므로 몇 년 계속하면 튼튼한 가지를 만들 수 있지만, 꽃눈 형성은 늦어집니다. 튼튼한 골격지를 만들거나 노목의 수세 회복이 목적이 아니라면 가지를 절단하지 않아야 결실 확보에 유리하다고 봅니다.

1년 생 가지를 자르면 그 부위에서 2~3개의 새 가지가 강하게 자라납니다. 자르는 정도가 심하면 심할수록 강한 새 가지가 자라나서 짧은 열매가지 즉 단과지로 자라날 눈이 강한 새 가지나 잠아로 되어 꽃눈이 만들어지지 않으므로 열매를 딸 부위의 가지는 자르지 말아야 합니다. 즉 절단 전정을 하면 새 가지가 강하게 생장하므로 이를 몇 년 계속하면 튼튼한 가지를 만들 수 있지만, 꽃눈 형성이 늦어지게 됩니다. 따라서 튼튼한 골격지를 만들거나 노목의 수세 회복을 위한 것이 아니라면 절단 전정을 하면 결실량이 감소하게 됩니다.

수형을 만든다고 가지를 30개를 받아낸다고 자르면 절대 열매는 안 열립니다. 나무만 키우는 전정을 우리나라 체리 재배하시는 분들은 계속해 오신 겁니다.

열매를 따고 싶으시면 제발 자르지 마시고 그냥 두세요. 수형을 만들려고 하시지 마세요. 열매 열리고 나서부터는 많이 잘라도 됩니다. 아니 정말로 조금 열리게 잘라 줘야 합니다. 제발 열매 열리고 나서부터 자르세요. 그전에는 닭발만 자르세요. 체리는 무조건 자르면 안 열립니다.

　순집기도 마찬가지입니다. 순집기를 해도 되는 품종이 있고 하지 말아야 하는 품종이 있습니다. 아무 품종이나 순집기를 하시면 체리 몇 개 못 땁니다. 순집기를 해서 열매를 딸 수 있는 품종은 직립형의 품종들이 가능합니다.

　적심(순집기)는 원래 분제를 하시는 분들이 잔가지를 받기 위해 위로 자라는 가지를 자르는 걸 적심이라고 합니다. 다른 나라들은 체리에 적용을 안 합니다. 우리와 중국, 정확하게는 중국은 적심보다는 순비틀기를 더 많이 합니다. 국내에서는 처음 체리를 접할 때 순집기를 해서 화속상 단과지를 만들어야 체리를 많이 딴다고 해서 너도 나도 도입했습니다. 그런데 순집기를 하셨다면 무조건 적뢰 적과를 해야 한다는 걸 몰랐습니다.

순집기 결과 그 부분에 너무 많은 체리가 열려서 상품성이 제로가 되고 병이 잘 옵니다. 더군다나 인건비가 장난이 아닌 요즘에 체리 밭에 적뢰 적과를 하러 인력을 투입하려면 수익 면에서도 맞지 않습니다. 저는 그래서 외국처럼 그냥 두어 봤더니 결과지에서 열리는 열매가 품질이 더 좋고 열과도 안 되고 더 많이 열리는 걸 보고 아니 이런 신세계를 두고 '우린 그동안 뭔 짓을 한 거여.' 하고 한탄을 했습니다.

그렇게 한탄을 한 게 체리를 접한 지 10년이 넘어서야 알았으니 우리나라 체리가 얼마나 어렵게 진행되고 있는지 안타까웠습니다. 순집기해도 되는 품종이 있지만 저는 그런 품종의 식재는 권하고 싶지 않습니다.

체리처럼 편한 농사가 없고 체리처럼 쉬운 농사가 없고 체리처럼 할 일이 없는 농사는 본 적이 없습니다. 대신 알아야 쉽습니다. 알면 알수록 쉬운 게 체리 농사입니다. 모르면 모를수록 어려운 게 체리 농사고요.

체리 전정의 기본 이해하기

체리 전정은 그럼 평생을 안 하느냐?

아닙니다. 처음에는 안 하지만 5년 후부터는 많이 해야 합니다. 그동안 체리 재배 농가들이 힘들어했던 원인 중 하나가 처음 식재 후부터 열심히 전정이나 순집기 등을 해서 나무를 괴롭혔습니다.

그래서 열매가 늦게 열리거나 많이 안 열리니 포기하거나 베어내기 바빴던 게 그동안 체리 재배 농장들이었습니다. 그나마 유지되는 농가들은 순집기해서 화속성 단과지(주지와 부지에 뭉쳐서 달리는 형태)가 있고 거기에 열매를 달고 가는데 그 형태로 열매를 달고 가면 한 주당 5~10kg를 수확하면 많이 하는 편이라고 생각하고 원래 체리는 이 정도가 정답인 것처럼 인식되어 있어서 체리 재배가 힘들었고 수익도 안 되었던 겁니다.

체리의 전정법은 직립형이나 반 개장형 아님 펜던트형에 공동으로 적용되는 전정법입니다. 키우고 싶은 가지는 절단 전정하십시오.

이 사진처럼 너무 약하거나 가는 가지를 아까워도 또는 그쪽에 가지가 없어서 키워야 되는 가지는 절단 전정을 하는 겁니다. 그러면 그 가지는 반발하여 다른 가지보다 훨씬 더 잘 자라게 됩니다.

그렇게 빈곳을 채워 가는 전정을 하고 화속이 너무 많아 열매 크기가 작아질 것 같은 곳은 절단 전정을 해서 양분을 보내 주면 열매가 작아지지 않습니다. 한마디로 자르는 곳은 자란다는 겁니다.

그런데 이걸 자라는 주지에 적용했었습니다. 잘 자라고 있는 나무가 수형을 교정해야 된다고 아니면 가지를 더 받아야 한다고 윗부분을 싹둑 잘라 버린 겁니다. 그렇게 자라면 열매는 안 열립니다.

옛날에는 전부 그렇게 잘랐습니다. 그렇게 배웠으니까요. 그래서 나무만 잘 자랐습니다. 그동안 우리는 체리 열리지 마라고 제발 적게 열리라고 자른 겁니다.

그러니 제발 열매 열리고 나서부터 자르십시오. 열매 열리기 전에는 그냥 두시고요. 만약 지금 절단 전정을 했으면 7월에 절단 전정 부위에서 나오는 가지 중 하나를 두고 나머지를 잘라 내십시오. 그리하면 아래쪽에 눈이 털리는 걸 예방할 수 있습니다. 그러나 열매를 수확하기 시작하면 절단 전정을 자주 해야 하는 대목이나 품종이 있으니 참고하십시오.

수확하기 시작해서 3~4년이 지나면 열매가 너무 많이 열려 버리는 경우가 흔합니다. 아래쪽 가지들이 흔합니다. 새로 자라는 부위도 없이 화속이 붙거나 새 가지도 아주 조금 자라면 이 가지들은 갱신 전정을 하거나 끝단 전정을 해야 합니다. 끝을 잘라서 더 자라게 해 줘야 양분이 이동하여 열매가 작아지는 경우가 없습니다. 수확 후부터는 많이 자르시고 수확 전에는 손대지 마십시오.

　너무 자란 나무 수고를 낮추고 싶어서 하는 전정으로 절단 전정을 하는 경우가 또한 많습니다.

　이럴 때는 무조건 절단 전정을 하지 마시고 이 사진처럼 작은 가지가 난 곳에서 그 가지를 두고 자르십시오. 이렇게 전정을 하면 아래쪽에서도 다시 결과지가 나옵니다.

　이 방법은 늙은 가지 결과지 받아내는 방법입니다. 수고가 높아진 나무는 아래쪽에서부터 다시 결과지를 받아서 거기서 열매를 따야 합니다.

　계속 절단 전정을 해서 나무만 자랐다면 바닥에 퇴비나 유박, 비료를 주지 않고 나무의 절반 가지를 저런 형태로 절단 전정 하시고 나머지 반절은 내년이나 다음 해에 다시 자르십시오.

　절단 전정과 순집기를 하다가 결과지를 두고 싶어서 결과지를 받아내면 몇 개의 결과지만 나오는 게 아니고 아주 가는 화속 가지들이 무수히 많이 나오는 경우가 있습니다. 그 가지들은 바로 열매가 달리는 경우가 대부분입니다.

군데군데 굵은 가지가 나왔으면 차후에 가는 화속 가지를 버리고 나머지를 결과지로 가져가면 좋은데 품종에 따라서 전부 가느다란 화속 가지만 나오는 경우가 있습니다.

이럴 때는 가는 화속 가지를 20% 정도를 잘라내 주면 좋습니다. 그리고 내가 결과지로 키우고 싶은 가지는 화속을 제거하십시오. 그동안 순집기와 절단 전정으로 고생하셨으니 한 번 정도는 더 하셔야 합니다.

약 20㎝ 이상의 간격을 두고 가는 화속 가지의 꽃을 제거하십시오. 만약 화속 가지 끝쪽에 꽃이 피지 않고 잎눈이 두 개 정도 있으면 가장 끝의 두꺼운 잎눈을 따시면 화속 가지도 굵어지면서 결과지로 바뀝니다.

기존에 체리 재배 농가들이 쉽게 결과지 수확 쪽으로 못 옮기는 경우가 가는 화속 가지가 너무 많이 나오면서 결과지가 되지 않고 계속 화속 가지로만 자라는 경우가 흔해서 쉽지 않을 겁니다.

아래쪽에 작은 가지를 키우고 위쪽으로 크는 가지는 못 크게 하는 전정도 마찬가지입니다.

위로 크는 가지는 가는 한 가지를 두고 자르시고 아래쪽에 키우고 싶은 가지는 절단 전정하십시오. 그러면 위로는 약하게 자라고 아래 가지만 자라게 됩니다.

이 방법은 직립형의 품종은 차후 가지 갱신을 하는 데 유리하고 반개장성이나 펜던트형은 그 부분만 정리하고 나머지 겹치는 게 없으면 그냥 두시는 게 전정의 기본입니다. 그렇게 10㎏을 수확할 때가 지나면 이제부터는 많이 잘라내야 합니다.

이때부터 아깝다고 안 자르면 체리 재배는 어려워집니다. 제발 초기에는 자르지 마시고 많이 열릴 때 자르십시오. 열매 많이 열리고 나서부터는 막 잘라도 잘 자라지 않습니다. 열매 너무 많으면 알이 작아집니다.

이러한 기본 전정을 손에 익히면 50kg~100kg 열려도 큰 문제없이 전정할 수 있습니다.

여름 전정

여름 전정은 수확 후 7월 초에 하시면 좋습니다. 아직 열매를 수확하지 않은 체리는 하지 않아도 무방합니다.

여름 전정하는 요령은 간단합니다. 가위질을 안 하면 됩니다. 5년생 이내의 나무는 안쪽으로 향하는 가지를 잘라 주는 형태로 햇볕과 바람을 잘 통하게 해 주십시오

그 이상 된 나무는 톱만 가져가서서 굵은 가지 중 하늘로 올라간 거 아니면 겹치는 가지 하나만 빼내시면 됩니다. 우거지지 않았거나 겹치는 가지가 없으면 안 하시면 됩니다. 이렇게 해 주시면 겨울 전정도 크게 하실 것 없을 겁니다.

체리는 어디에 열리는가

한마디로 말하면 결과지에 열립니다. 정확하게는 품종의 특성에 따라 다릅니다.

라핀, 레이니어, 타이톤, 브룩스, 코랄샴페인 등처럼 결과지가 잘 안 나오고 직립형은 체리 품종들은 주로 주지나 부주지에 열립니다.

그래서 이런 형태의 품종들은 주지나 부주지가 두꺼워져 버리면 눈털림으로 인해서 두꺼운 가지 쪽은 안 열리고 자꾸 밖으로 가는 가지 쪽에만 열립니다. 가지를 절대 두껍게 가져가면 안 되고 눈털림이 심해지면 주지를 갱신해야 하는데 우리나라에서는 가지 갱신이 잘 안돼서 체리 실패 확률이 높은 품종들입니다.

가지 갱신만 잘되면 아주 좋은 품종들입니다만 우리나라 기후 특성상 3차 성장까지 되고 거기에 퇴비 유박을 매년 주다 보니 빨리 두꺼워져서 화속이 털려 버립니다.

만약 이런 품종이 있다면 이 품종들은 결과지처럼 나오는 가지를 순집기 형태로 집어서 화속상 단과지를 만들어 주면 그나마 오랫동안 열매를 수확할 수 있습니다.

단지 화속상 단과를 만들고자 해도 결과지 발생이 잘 안되는 경우가 많으니 결과지 발생을 유도하는 절단 전정으로 전정을 하고 거기서 나오는 본대는 키우고 나머지 가지를 순집기 형태로 가져가면 더 쉽게 화속상 단과지를 만들 수 있습니다.

이 품종들은 만약 결과지가 나와도 무조건 화속상 단과지를 만들어야 좋습니다. 나무 특성상 위로만 자라는 성질이 강해서 결과지에 열매를 달려고 하면 결과지가 금방 노쇠하는 현상이 와서 열매가 작아져 버립니다. 그 상태가 되면 결과지 갱신을 하셔야 합니다. 그 후에 다시 화속성 단과지를 만들면 됩니다. 그래서 외국에서는 극왜성 대목을 씁니다.

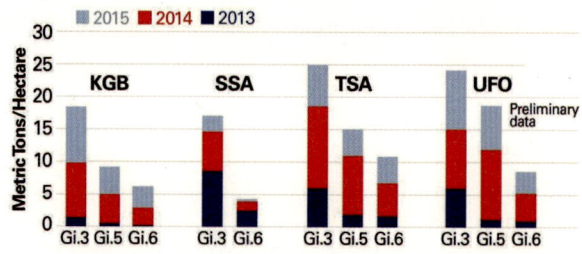

뒤의 수형 부분에서 더 자세히 다룰 것입니다. 이 그림을 보시면 극왜성인 기세라 3의 수확량과 기세라 6번의 수확량이 엄청 차이 나듯이 그들은 극외성 대목을 사용합니다. 하지만 우리는 일반 대목에 가까운 콜트나 크림슨 5번 대목을 사용합니다. 그래서 가능은 할지라도 수확량이 얼마 안 나옵니다. 더군다나 KGB 수형이나 UFO 수형을 하는데 아무 품종이나 되는 것처럼 알려져 있습니다.

요즘 미국 자료를 보면 가능한 품종은 몇 가지 되지 않고 시간이 지날수록 수확량이 줄어들어서 7~8년이 지나면 다른 수형으로 변형하든지 갱신한다고 합니다. 그것도 기세라 3번인 극왜성 대목을 사용해서도요.

우리나라에서는 품종도 선발되지 않았고 대목도 없습니다. 굳이 어려운 수형 도전해서 수확량을 줄이지 마시고 대목과 품종에 맞는 수형을 했으면 좋겠습니다.

앞 그림의 품종군에 속하는 품종들은 수확 끝나자마자 닭발정이와 솎음 전정을 해서 꽃눈 충실도를 높여 주면 좋을 겁니다.

반 개장성 품종들인 겔노트, 겔프로, 첼란 등은 결과지의 두께가 다른 품종들에 비해 굵습니다. 펜던트형과 비교해도 결과지가 굵습니다. 단지 그렇게 많이 나오지는 않지만 처음에는 부주지 형태로 결과지가 발생합니다. 이런 형태의 품종은 눈털림이 잘 일어나지 않습니다. 화속이 생기면서 바로 화속성 단과지 형태로 변해서 두꺼운 주지에도 체리가 바로 열립니다. 그래서 닭발만 정리하시고 나머지 가지는 겹치는 거나 솎음 전정을 해 주면 끝입니다. 순집기는 할 필요가 없습니다.

굵은 가지에도 잘 열리니 수형도 마음대로 하셔도 됩니다. KGB 수형은 이런 품종으로 하셔야 됩니다. UFO 수형도 가능하고요. 이런 형태의 품종의 전정은 닭발 정리와 가는 결과지를 솎아 주는 형태로 전정을 하시면 좋습니다.

펜던트형의 체리 품종인 애보니펄, 버건디펄, 러시아 8호 등은 무조건 결과지에 달아야 합니다.

다음 그림은 결과지의 모습입니다.

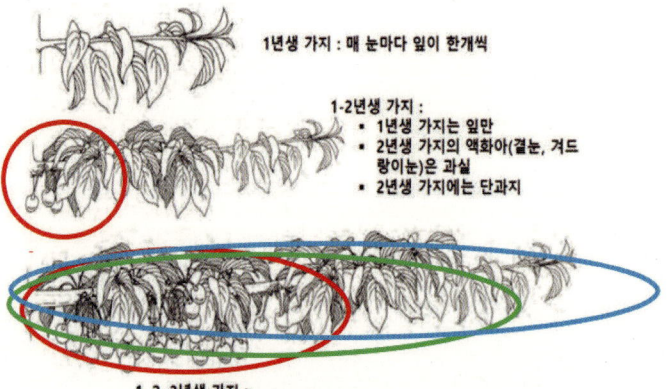

　빨간색은 결과지 발생 다음 해와 그다음 해를 표시한 겁니다. 초록색은 4년생 결과지에 열리는 곳을 파랑색은 5년생 결과지에 열리는 곳을 표시한 것입니다.

　이렇게 형성된 결과는 눈털림 현상이 없습니다. 10년 동안도 20년 동안도 딸 수 있습니다만 그렇게 오래 따시면 품질이 떨어지니 보통 5~6년 수확 후 결과지 갱신을 하시는 게 좋습니다.

　가는 결과지에 체리가 열리면 열매가 잘아지지 않느냐고 문의하신 분들이 많습니다. 사과도 결과에 달고 복숭아도 결과지에 답니다. 그렇게 큰 수박은 더 가는 줄기에 열립니다. 아무 걱정 마시고 결과지에 많이 다십시오.

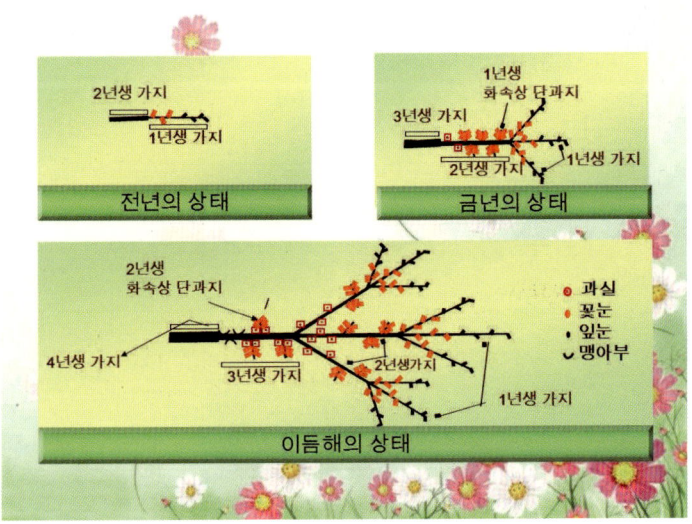

　이 그림은 대구농업 기술센터에서 제공해 주었습니다. 앞의 설명과 같은 내용의 그림이라 참고하시라고 올려드립니다.

　체리가 그동안 어려웠고 많은 분들이 실패한 이유는 이런 품종별 특성을 모르고 오직 한 가지 형태로만 키우려고 하다 보니 어려움들이 많았습니다.

　예를 들어 결과지가 잘 나오는 품종은 결과지에 열매를 열어야 하기에 주지의 눈털림이 심합니다. 모든 결과지의 두께가 주지의 두께가 되므로 빨리 두꺼워져서 눈털림이 심하므로 이런 품종을 순집기하면 자연적으로 자람새가 어마무시하게 자랍니다. 아래쪽은 순집기하니 얼른 자라서 저 위에 가서 결과지를 만들려고 합니다. 그래서 도장성이 강해져서 위로만 자랍니다. 엄청 굵은 달발들이 나와서요. 그래서 아래쪽의 화속이나 눈들이 전부 없어져 버리는 현상(자식 현상)이 생기므로 체리를 포기하는 겁니다.

체리는 품종에 따라 전정도 다르고 키우는 방법도 다릅니다.

그러므로 그 품종의 특성을 이해하시고 재배하시면 실패율이 현저히 작아질 거라 믿습니다.

첫해에는 가지가 나옵니다. 다음 해에는 화속이 생깁니다. 다음 해부터 열매가 열립니다. 이결과지는 평생을 가져갈 수도 있습니다. 우리나라에선 5~6년 후에는 결과지 갱신법을 적용하시면 좋을 것 같습니다.

결과지 갱신

결과지 갱신은 끝이 계속 자라는 것은 안 해도 무방합니다. 하지만 왼쪽 사진처럼 끝 부분이 자라지 않고 멈춰 있으면 올해 떠먹고 무조건 갱신해야 합니다. 만약 다른 결과지가 많음 올해 전정 시에 결과지

갱신을 해 주시면 좋습니다.

 결과지 갱신은 오른쪽 사진처럼 첫 번째 화속이나 가지 자람이 있는 곳에서 절단 전정을 해 주면 다시 결과지가 자랍니다. 5~6년 따먹은 결과지(오른쪽 위 사진)도 마찬가지입니다. 저가지 하나만 두고 위쪽 결과지는 절단 전정을 해서 잘라 주면 됩니다.

 체리는 7~8년 지나면 어마 무시하게 열립니다. 이때부터는 전정의 양이 많아져야 합니다. 특히 여름 전정을 해 주시는 게 좋습니다.

 열매 열리기 전까지는 여름 전정의 중요성을 잘 못 느낍니다. 하지만 열매를 수확하기 시작하면 여름 전정은 필수로 해야 된다고 생각하십시오. 여름 전정은 너무 과감하게 하시면 나무가 주눅 들어서 다음 해 열매를 덜 줄 수도 있으니 무조건 솎음 전정만 하셔야 합니다.

체리의 수형

 체리 재배 농가에서 가장 중요하지 않은 게 바로 수형이라고 생각합니다. 그러나 체리를 연구하시는 박사님들에게는 가장 중요한 게 수형입니다.

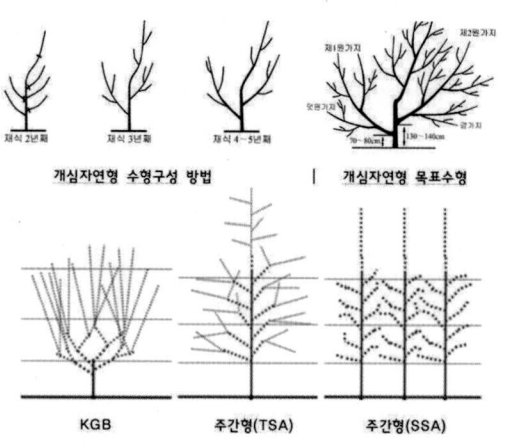

우린 열매를 수확하는 농가입니다. 국내에 맞고 성공한 수형이 있으면 그 수형은 적용하면 됩니다.

국내에 체리가 들어온 지는 100여 년 가까이 됐습니다. 지금도 그 후손들이 수확하는 농가도 있고요. 그 농장들도 모두 어린 나무는 주간형으로 키웁니다. 좀 더 크면 가운데 자라는 가지를 잘라내는 변칙 주간형으로 키웁니다. 좀 더 자라면 가운데를 더 잘라내서 변칙 개심형으로 갑니다. 나중에는 자연 개심형의 형태로 키우는 겁니다. 이것도 굳이 수형을 키워 맞추다 보니 이리 이야기하는 거지 그냥 자기 밭에 맞춰서 키워 가는 겁니다.

이 사진은 중국의 삼단 수형입니다. 중국에서도 어린 나무는 이 형태로 키우다가 세월이 지나면 위쪽의 한 단을 없애 버리는 이단으로 갑니다. 나이를 먹은 나무는 다시 한 단을 없애 버려서 종국에는 개심형 형태로 가져가는 게 중국의 수형입니다.

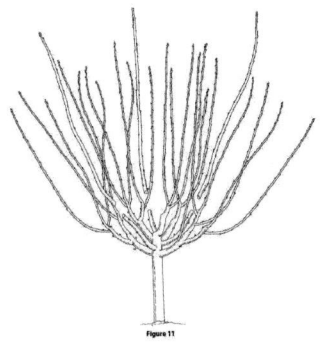

이 그림은 KGB 수형입니다. 이 수형은 호주에서 붙은 이름으로 **킴 그린(KYM GREEN BUSH, KGB)**이라는 사람이 만든 수형입니다. 호주의 대표적인 품종 라핀을 키우던 그가 낮은 위치에서 수확하기 위해 개발된 수형으로 전 세계에서 한때 선풍적인 인기를 누리던 수형

체리 재배 **139**

입니다. 미국에서도 많은 농가들이 도입해서 시작을 했습니다.

대목은 기세라 5번보다도 작은 기세라 3번 정도가 좋다고 합니다. 10년 정도가 지난 지금은 미국에서도 가능한 품종이 있고 안 되는 품종이 있다고 2022년도에 공식 발표가 되었습니다.

즉 라핀처럼 직립형이거나 반 개장형의 품종 중 결과지 발생이 극히 미비한 품종만이 유지되고 다름 품종들은 해마다 20%의 수확량이 줄어드니 가능한 품종과 대목을 선별하여 시작하면 좋을 겁니다.

그 자료에 보면 빙, 라핀, 첼란 브룩스는 현재도 유지를 하고 있지만 결과지 발생이 잘되는 품종이나 펜던트형의 품종은 아무리 대목이 왜성이 심하게 되어도 가능성이 낮아서 많은 농가가 개심형으로 변경한다고 합니다. SPANISH BUSH(SB)도 거의 같다고 보시면 맞을 겁니다.

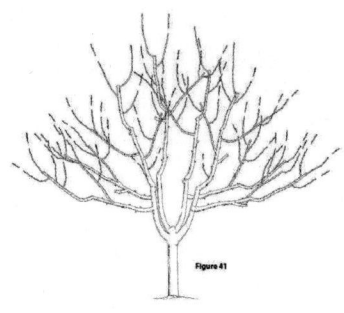

이 수형은 STEEP LEADER(SL)으로 미국이나 호주 쪽에서 전통적으로 해 오던 수형으로 일반 대목을 사용하던 시절에 해 왔던 수형입니다.

세월이 흐르면 다음 사진처럼 자랍니다. 아주 오래된 체리 농장을 가면 볼 수 있다고 합니다.

다음 그림의 형태가 UFO 수형의 기본 모습입니다.

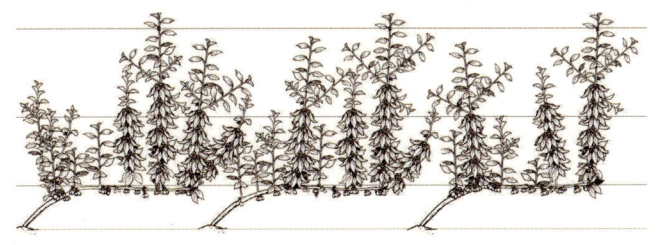

한때는 국내에서 몇몇 농가들이 시작했었습니다. 지금은 거의 없어졌지만요. 이 수형도 마찬가지로 품종 선택이 중요합니다. 결과지가 나오자 않은 품종을 선택하고 그중에서 눈털림이 잘되지 않은 품종을 선택해야 합니다.

미국 자료에도 기세라 3으로 이런 품종을 선택하면 가능하다고 나와 있습니다. 요즘에 이 수형의 변형으로 v-UFO형이나 v-v-UFO 수형에 도전하시는 분들이 많습니다. 대목 선정 시 그 왜성 대목은 기세라 3번 대목이나 그 이하의 대목을 사용하시고 품종 선택에서 결과지 발생이 덜되고 눈털림이 잘되지 않은 품종을 선택하시면 좋은 결과가 있지 않을까 생각합니다.

이 수형은 복숭아나 자두에 적용해서 경북 의성 지역에서 한때 인기를 끌었으나 지금 새로 과원을 조성하는 농가는 거의 하지 않은 수형으로 국내에서 체리에 최초로 적용한 사례는 공주의 농가입니다.

15년 전에 공주의 농가에서 레이니어로 시작을 했었으나 기세라 5번 대목은 6년 이후 죽어나가고 콜트 대목은 13년을 유지하다가 일이 너무 많고 나중에는 수확량도 떨어진다고 다른 수형으로 갱신한 상태입니다. 그 이후 함양에서 다시 시작했고 완주, 전주, 정선 등 많은 농가가 도전하고 있는 수형입니다.

순집기를 매년 해야 하고 적뢰 적과를 해야 하는 수형으로 일손이 많이 들어가는 수형입니다. 들리는 말로는 인부 10명에서 한 달 내내 적뢰 적과를 그리고 순집기를 해야 천 평에서 좋은 품질을 수확할 수 있다고 하니 처음 도전하신 분들은 신중을 기하는 게 좋을 겁니다.

오른쪽 사진은 우리가 흔히 말하는 주간형입니다. 외국에서는 **VOGEL CENTRAL LEADER(VCL)**이라고 흔히 부릅니다. 이 수형은 반 개장형의 품종으로 하는 게 좋습니다. 그래야 유인하지 않고 자연적으로 가지의 간격이 유지되고 관리하기가 편합니다.

세월이 흐르면 이 수형도 위로 더 이상 자라지 못하게 윗부분을 잘라서 변칙 주간형으로 가고 차후에는 변칙 개심형으로 종국에는 개심형으로 유지하는 게 좋습니다.

기타 수형으로 SSA형, TSA형 등이 있으나 이 수형은 대목이나 기후가 국내에서는 받쳐 주지 않으니 아직은 시기상조라고 생각되어 여기서는 언급을 안 하겠습니다. 위 사진은 많이 열린 걸로 올려 드린 겁니다. 너무 수형에 얽매이지 마시고 자연적으로 키우십시오.

전 세계 체리 농가의 95% 정도가 그냥 자연 개심형 형태로 키웁니다. 수형이 뭔지도 모르고 키웁니다. 제가 만나는 분들에게 흔히 하는 말이 그랬습니다. 수형을 배우되 수형을 잊어야 성공한다고요. 수형이란 나무의 모양입니다.

저는 나무의 모양이 덜 이쁘고 보기는 그럴지라도 좋은 품질의 열매를 많이 따는 게 중요하다고 생각합니다. 나무가 이쁘고 농장이 이쁘다고 절대 좋은 품질의 열매가 나오는 게 아닙니다. 좋은 품질은 나무가 얼마나 자연스럽게 자라면서 열매를 주었느냐가 중요합니다. 거기에 주인은 조금 보태기를 할 뿐입니다.

열매가 크라고 붕산비료를 당도가 높아지라고 인산칼슘을, 색깔이 이뻐지라고 인산가리 등등을 사용한 농작업들이 정말 맛있고 고품질의 열매를 줄 수 있습니다. 늘 스트래스를 받는 나무와 자연적인 나무 중 여러분들이 택할 나무는 무엇입니까.

수형을 버리십시오. 중국이나 일본의 체리 농가들에게 가면 물어보세요. '이 체리 수형이 뭔가요?' 모두들 자기가 알아서 크는 대로 키운다고 합니다. 단 주인은 햇볕이 잘 들게 바람이 잘 통하게 해 주는 것뿐이라고 합니다.

수형을 만들면서 우리가 착각하는 것

우리나라에서 사용하는 대목은 보통 크림슨 대목과 콜트 대목입니다. 이 대목을 가지고 KGB 수형이나 UFO 수형을 한다고 하면 저는 하지 말라고 합니다. 되기는 합니다. 가능은 합니다. 단 우리가 원하는 만큼의 수확량이 안 나올 수 있습니다.

'미국이나 외국 자료를 보면 수확량이 어마무시하더라, 우리는 왜 안 되느냐?'

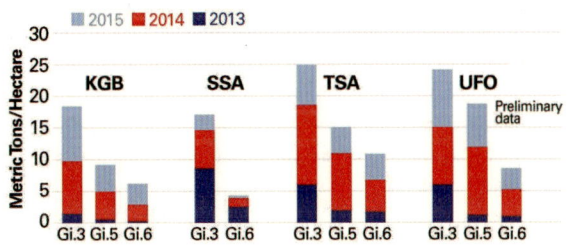

이 표를 보십시오. 모든 수형에서 수확량이 많은 것은 왜성 대목 즉 기세라 3번일수록 수확량이 많고 좀 더 큰 대목일수록 수확량은 줄어듭니다. 표에 나오는 기세라 6번보다도 더 큰 콜트로 저수형을 했을 때는 수확량이 더 줄어든다고 봐야 합니다.

외국에서 기세라 3번 이외에는 시도를 하지 마라고 합니다. 그것도 품종에 따라서 매년 20%씩 수확량이 줄어든다고 하니 품종 선택까지 고려해야 합니다.

저 정도의 왜성 대목 정도 되어야 빽빽이 심어서 많은 량의 수확량이 가능할진데 우린 콜트 대목으로 4×3m를 식재하고 저수형에 도전

한다? 수확량은 포기하시는 게 맞을 겁니다.

천 평에서 500㎏~1t 정도의 양이면 가능할 겁니다. 그것도 여유 있게 잡아서요. 새로운 수형에 대한 도전은 대목의 선택이 첫 번째이고 다음이 품종의 선택입니다.

만약 새로운 수형을 고려하신다면 대목부터 구입하십시오. 그리고 도전하십시오. 천 평에서 5톤 이상에 도전하십시오.

외국에 체리 열려 있는 모습

체리 재배하면서 주의해야 할 일

체리 재배하면서 하지 말아야 할 게 참 많습니다.
'절단정 하지 마라.'
'비료, 퇴비, 유박, 주지 마라.'
'유인하지 마라.'
'부직포도 덮지 마라.'
저는 하우스도 하지 마라고 합니다.

단순 비 가림 정도까지는 좋습니다만 너무 많은 자금을 투자하지 마라는 뜻도 있습니다.

일단 유인은 체리에 치명적입니다. 물론 저도 처음 체리를 식재하고 체리 공부를 할 때 가지를 유인하면 화속이 빨리 오니 열매를 빨리 달고 싶으면 유인은 필수라고 배웠습니다.

아니었습니다.

유인한다고 화속이 빨리 오는 게 아니었습니다.

병만 더 왔습니다.

나무가 죽어서 마음에 병까지 왔습니다.

일단 유인하면 나무는 잘 죽습니다. 워낙의 속성수이다 보니 유인하고 1년이면 끈이 살을 파고듭니다. 또한 유인해 보니 휘어진 부분에 궤양병이 잘 옵니다. 그래서 썩기 시작합니다. 한번 궤양병이 온 거는 쉽게 고쳐지질 않습니다. 그래서 저는 유인끈을 제거하기 시작했습니다. '차라리 전정으로 잡아가자.' 그때 절단 전정을 다들 했었습니다. 그래서 6년 만에 첫 열매가 열리고 누군 7년 만에 첫 열매가 열리고 했습니다. 그 후 차라리 포기할까 생각하고 그냥 두니 3년 만에 열리는 체리를 왜 우린 그동안 나무를 그렇게 못살게 굴었는지……. 요즘 많이 식재하는 품종들은 유인을 안 해도 알아서 옆으로 퍼집니다.

특히 펜던트형의 품종들은 자동으로 옆으로 퍼지고 심지어 너무 쳐져서 위로 올려 매야 하는 경우가 많으니 일부러 유인까지 하실 필요 없습니다.

체리 식재 후에 체리 밭에 하면 좋은 것

석회를 매년 줍시다. 매년 사다 주면 좋은데 부담이 되면 3년에 한 번씩이라도 나오는 석회고토나 패화석을 줍시다.

석회고토나 패화석은 토양개량제입니다. 논 작물에는 규산질 비료가 나오고 밭작물에는 석회고토나 패화석이 나옵니다.

규산질을 밭에 줘도 좋냐고 물으시는 분들이 많습니다. 규산질은 질소와 상극입니다. 즉 규산을 먹는 동안 질소를 못 먹는다는 겁니다. 흔히 규질 비율이라고도 합니다.

일반 규산질 비료는 SiO_2라는 규산이 들어 있는데 이건 금방 먹고 날아가는 게 아니고 물 흡습성이 약해서 오래토록 작물이 질소를 못 먹게 합니다. 그래서 논에 주는 게 맞습니다. 밭작물에는 SiO_3나 SiO_4인 오르토라는 규산 비료를 주는 게 맞습니다.

이 규산 제품은 수용성이라 엽면살포로 가능하며 밭작물에 일시적으로 흡수해서 작용하는데 잎이나 열매가 두꺼워지는 역할을 합니다. 그래서 열과 예방제 또는 색깔 내는 깔약으로 많이 씁니다. 또한 SiO_4는 확산제로도 쓰고 있습니다.

체리 밭에는 규산질 비료(정부에서 주는 것)보다는 패화석이나 석회고토가 좋습니다. 나무 주변에 한 포씩 부어 주면 좋습니다.

다음은 용성인비입니다. 인산질이 많은 토양이나 1년에 5회 이상 엽면살포로 인산가리나 인산칼슘을 살포하는 농가는 용성인비를 바닥에 안 주어도 무방합니다. 만약 엽면살포를 하지 않은 농가는 매년 주당 1kg 정도를 나무 주변에 주면 좋습니다.

붕사비료를 주십시오. 7월 말이나 8월 초에 모든 과수작물은 붕사비료를 표층에 시비하면 좋습니다. 300평에 1kg이니 적은 양으로 큰 효과를 내는 게 붕사비료입니다. 과수 비대 목적으로 1년에 4회 이상 엽면살포하신 농가는 굳이 토양에 붕사비료를 주지 않아도 됩니다.

잡초를 제거하십시오. 두둑을 만들어 식재하셨다면 그 두둑을 사막화하십시오. 뿌리가 보일수록 나무는 건강하니 두둑을 사막화하는 게 좋습니다. 제초제는 절대 침투이행성이 있는 근사미류는 안 됩니다.

전정은 닭발만 제거하시고 안 하시는 게 좋습니다만 열매가 열리기 시작하면 제발 적게 열리게 잘라내십시오. 제가 전정을 하지 말라는 건 열매 열리고 나서부터 전정을 하셔도 절대 늦지 않는다는 겁니다. 전정을 하실 거면 일단 열매를 10kg 이상 따고부터 하십시오.

이때부터는 제발 전정 좀 하십시오. 체리는 초기에는 그냥 방치 수준이고 나이 먹을수록 전정을 많이 하는 형태로 가야 맞습니다. 나이 먹은 나무는 전정을 안 하면 열 칸 사다리를 올라가든지 열매가 앵두로 변하든지 전부 낙과되어 버리든지 할 수 있으니 나이 먹을수록 전정을 잘해야 합니다.

우습게도 5년째부터 전정을 해야 한다고 하니 식재 초기에 그렇게 막 잘라대던 분이 그때 되니 아까워서 못 자른다고 합니다. 이러니 체리 산업이 어려워진 걸로 압니다.

인산가리를 엽면살포하세요. 식재 후 이 년째부터는 인산가리를 5회 이상 엽면살포하십시오. 만약 밖에 인산가리를 조금만 주어도 나무는 주눅이 들 수 있으니 천 배로 희석해서 자주 주십시오.

물 관리를 잘하십시오. 15일에 한 번 정도 비기 안 오면 관수를 해주는 게 좋습니다. 너무 자주 주는 건 덜 좋으니 15일에 한 번 정도 관주하십시오.

한 번 줄 때 듬뿍 주시고 잘 말리십시오. 나무는 물을 줄 때 자라는 게 아니고 말릴 때 자랍니다.

명심하십시오!!!!!!!!!!!!!!! 나무의 뿌리는 물을 먹는 동안에는 잘 안 자랍니다. 말리는 과정에서 자랍니다. 물기가 늘 있으면 나무는 덜 자라고 많이 아픕니다. 늘 부직포를 씌운 농가는 바람 불면 나무가 잘 넘어지는 현상이 이런 이유입니다.

체리 수확기에 들어서서

체리는 그런 말이 있습니다.

열심히 재배하면 5년 만에 첫 수확을 하고 보통으로 재배하면 4년 만에 첫 수확을 하고 아무것도 안 하면 3년 만에 첫 수확을 한다고요.

'첫 수확기에 접어들어서 꽃은 화려하게 피었는데 열매가 몇 개 안 열리고 전부 낙과되어 버리더라.'

이런 현상이 가장 많이 오는 농가는 매년 질소질을 주었던 농가가 가장 흔하게 오는 현상입니다. 물론 병에 의한 것도 있지만 질소질이 많으면 이런 현상이 더 심하게 나타납니다. 그리고 한 번 나타나면 계속 반복되는 경우가 흔합니다. 화속이 조금 붙어서 몇 개 따먹을 정도 열릴 것 같은 농가들은 그냥 지켜보셔도 되지만 화속이 많이 붙어 있는 농가들은 목면시비를 하십시오.

목면시비란?

동계 방제하는 시기에 잎이 하나도 나오지 않은 이 사진 같은 나무에 영양제를 시비하는 방법입니다. 이 방법은 대과를 목적으로 하시면 의무적으로 주어야 하고 냉해를 예방하기 위해서도 의무적으로 하시는 게 좋습니다. 너무 큰 과일을 싫어하시는 분들은 안 하시는 게 좋습니다.

기준은 500L의 물 기준입니다. 붕산 500g, 아연 또는 황산아연 400~500g, 칼슘 500g, 아미노산 500㎖ 이렇게 혼용해서 살포하는데 개화 전 약 20일 전에 한 번, 이때 다이센M과 혼용, 개화 전 약 5일 전에 한 번, 이때 델란과 혼용합니다. (델란과 혼용 시에는 전착제나 침투제를 빼고 하시는 게 좋다는 말이 있어서 저는 1차에는 넣고 2차에는 빼고 합니다)

이렇게 두 번을 잎이 없는 나무 전체에 흠뻑 줍니다. 모든 농약과 혼용해도 됩니다. 이때는 전착제보다는 침투제와 혼용하는 게 좋습니다.

단 두 번째 목면시비할 때 복숭아나 체리에 델란을 혼용살포할 시에

는 침투제를 빼고 하시면 됩니다.

체리는 냉해 예방 목적으로, 다른 과수는 비대 목적으로 하시면 효과는 그해에 바로 나타납니다.

목면시비는 왜 해야 하는가요. 다음은 일본의 자료를 번역한 책자에서 인용한 것입니다.

* 목면시비의 중요성:

① 사과
- 개화기(자방): 2,000,000 → 개화 전 21회 세포분열
- 수확기(과육): 40,000,000 → 개화 후 4-5회 세포분열
- 딜리셔스: 50-115×106CELL/FRUIT
- 홍옥: 미국: 38-46×106CELL/FRUIT
　　　　호주: 64×106CELL/FRUIT

② 포도
- 개화기: 200,000 → 개화 전 17-18회 세포분열
- 40일 후: 600,000 → 개화 후 1-2회 세포분열

③ 감
- 부유: 70,000,000개
- 평핵무: 25,000,000개

④ 세포의 크기, 세포의 수 및 크기

- 과실 세포의 크기: 300×10-5㎟/CELL
- 감: 분열정지기(15-40u), 비대기(20-220u), 평핵무가 부유의 3배 정도

농가에서 과일을 크게 키우려고 할 때나 냉해 예방을 할 때도 꽃이 피거나 열매가 열린걸 보고 영양제나 붕산을 엽면살포하는 경우가 흔합니다. 이 자료를 보시면 개화 전에 세포분열은 개화 후보다 4배 정도 많이 일어납니다. 열매를 키우고 싶으시면 개화 전에 목면시비하십시오.

이 자료는 화씨의 온도에서 30분간의 노출을 표현한 것으로 체리를

체리 수확기에 들어서서 **155**

보시면 17도는 섭씨온도로 영하 8도를 말합니다. 25나 26은 영하 3도, 28은 영하 2도라고 보시면 될 겁니다.

냉해 대비

다음 체리꽃 사진은 체리 개화기에 냉해 피해를 입은 사진입니다. 목면시비는 냉해에도 아주 좋은 방어책이 될 수 있습니다.

냉해 피해는 이 사진처럼 열매가 열린 다음에 떨어진다기보다는 아예 열매가 안 열리는 경우가 더 많습니다. 극히 일부는 열매를 맺히고 나서도 냉해 피해가 올 수도 있습니다.

하지만 거의 모든 과수는 열매를 맺히고 나면 꽃봉오리(풍성기) 때보다도 낮은 온도에 견디는 힘이 더 강해집니다. 그래서 열매가 생기고 나서 오는 현상은 정확하게는 냉해라고 말하기는 어렵습니다. 물론 외부적인 현상으로 인해 오는 건 맞습니다. 그걸 예방하는 차원에서도 목면시비는 매우 좋은 대안이라고 생각합니다.

저는 지금까지 이런 현상을 거의 겪지 않고 체리 재배를 했습니다. 그 이유가 목면시비라고 보고 있습니다.

그다음에 질소시비를 줄여야 합니다. 요즘은 봄철 기온이 일정하지 않고 변동 폭이 엄청 커졌습니다. 기후변화가 그만큼 심해졌다는 걸 겁니다. 이럴 때 질소질이 많은 토양에서는 싹이 나오면 엄청난 속도로 나무의 자람새를 밀어올립니다. 그러면 모든 양분은 가지 끝으로 몰려가게 되어 있습니다.

이 사진처럼 된 것은 뒷부분에서 다시 한번 정확하게 짚어드립니다. 그곳과 이곳의 내용을 잘 파악하시길 바랍니다.

저는 우리 밭에 체리가 콩알만큼 커지면 무조건 인산가리를 합니다. 질소를 빼 주는 거죠.

물론 질소를 확실하게 빼는 방법은 더 좋은 방법이 있습니다만 봄에는 사용하지 않고 가을에 쓰면 효과가 더 좋아 사과에는 가을에 사용하지만 봄에는 사용하지 않습니다. 뒤편에 착색 분야에서 더 자세히 알려드리겠습니다.

체리는 꽃잎이 날리면 무조건 인산가리를 하십시오. 체리의 성장력은 5㎝를 넘어가면 옥신 발현이 잘돼서 폭풍성장합니다. 자꾸 멈춰 주게 해야 합니다.

다음은 병에 의한 겁니다.

앞부분의 설명처럼 냉해에 의한 낙과와 유과 균핵병에 의한 낙과는 다릅니다. 유과 균핵병은 좀 더 자라다가 오른쪽 B의 사진처럼 곰팡이가 피고 가만색으로 변하지만 냉해나 생리적인 낙과는 그 자리에서 노랗게 변하면서 낙과되는 게 다릅니다.

원래 체리의 균핵병은 사진 A의 형태로 체리가 성숙돼서 생기는 게 일반적입니다.

어릴 때 회성병 현상이 온다고 전부 균핵병이진 않습니다. 여러 원인들이 있지만 대표적인 게 균핵병균에 의한 것 또는 잿빛곰팡이에 의한 거 또는 곰팡이성 자낭균에 의한 거죠.

모든 꽃이나 어린 열매에 오는 균은 모두 자낭균입니다. 포자까지 날리니 광학 현미경으로 구분 짓기 전에 검사하는 사람에 의해서 이건 무슨 병입니다. 하고 판단이 서 버립니다.

체리에서 특히 그런 경우가 많습니다. 모든 농가들이 매년 봄에 잿빛 곰팡이 약을 합니다. 저도 처음에는 3회 정도까지 했습니다.

1차 푸르겐, 2차 텔도, 3차 에이플… 뭐 이런 형태로 했던 기억이 있습니다. 하지만 유과 낙과는 못 피해 갔습니다. 그래서 바꿔 봤습니다. 다이센M으로요. 의외로 잘 듣습니다. 품종에 따라 정말 안 떨어지는 품종이 있습니다. 그래도 어떤 품종은 안 들어 먹습니다. 그래서 목면시비를 하면서 1차로는 다이센M을 2차로는 델란을 사용했습니다. 모든 품종이 아주 깔끔해지더군요.

개화기에 오는 병

잿빛곰팡이병: 잿빛곰팡이병의 균은 잎, 꽃, 가지, 열매 등과 같은 잔재물이나 토양 속에서 균사 또는 균핵의 형태로 겨울을 지내며 바람, 물, 곤충 등과 같은 수단에 의해 포자가 기주체로 전반됩니다.

병원균이 많을 경우에는 직접 기주식물로 침입을 하지만 대부분은 상처를 통해서 침입하는 것으로 알려져 있습니다. 따라서 상처가 없는 건전한 과실이나 가지의 표피를 통해서 침입하기가 매우 어렵지만 꽃은 상대적으로 조직이 연약하며 상처도 많이 생길 수 있기 때문에 주된 침입구가 되며 꽃을 통해 과실과 가지까지 병이 진전됩니다.

꽃오갈병: 병든 잎이나 병원균에 주로 잎에 발병하나, 때에 따라서는 꽃, 신초, 과실에도 발병합니다. 새잎이 나오자마자 발병하며 감염된 잎은 적색~황색으로 부풀면서 뒤틀리며 이상비대합니다. 피해를 받은 잎은 뒤에 흑갈색으로 썩어 떨어집니다. 피해 잎에서 흰 가루 모양의 자낭포자, 분생포자가 비산하면 가지, 눈, 표면에 부착하여 증식한 후 월동합니다.

월동균은 이듬해 봄 강우에 의해 비산하여 전염되면 조직 내로 침

입하여 자낭을 형성합니다. 조직 내 침입은 7℃ 정도에서 시작되며 25℃ 이상에서는 번식이 곤란합니다.

잿빛무늬병: 잿빛무늬병은 복숭아 수확기의 과실에 주로 발병하여 피해를 주지만, 개화 시기에는 꽃에 감염되어 결과지까지 전염되며, 병이 진전되면 가지가 마르는 증상을 나타내고 있는 병입니다.

개화기인 4월 중·하순에 평년에 비해 2~3℃가 낮아서 꽃이 피어 있는 기간이 길어졌으며, 4월의 강우일수도 10일 이상으로 평년에 비해 많은 비가 내리거나 기온이 변덕스러우면 체리뿐만 아니라 모든 과수가 냉피해를 받기 쉬운 시기임을 간과해서는 안 될 겁니다.
많은 농가들이 개화 시기에 잿빛 곰팡이 병만 오는 줄 알고 있는 경우가 많습니다. 체리뿐만 아니고 사과대추에도 잿빛곰팡이라고 알려진 이 병은 잿빛곰팡이일 수도 있고 오갈병일수도 있고 무늬병일 수도 있습니다.
자낭포자를 똑같이 가지고 있으며 포자가 날리는 경우도 흔합니다. 하지만 초기에 체리에 등록된 약재가 몇 개 안 될 때는 어쩔 수 없이 잿빛곰팡이병 치료제인 푸르겐을 풍성기 때 해야 된다고 알려지면서 지금도 푸르겐을 하는 농가들이 많습니다. 푸르겐은 예방약이라고 하기보다는 치료제라고 생각하시는 게 맞을 겁니다.
자낭곰팡이병 예방약은 작용기작 차로 시작하는 차1, 차2, 차3, 차4, 차5와 카로 시작하는 것만 있습니다. 차 와카를 제외하고는 거의 치료제라고 보시면 좋습니다.

푸르겐을 보시면 작용기작이 사1입니다.

디페노코나졸로 예방보다는 침투이행성에서 우수한 약제입니다. 그래서 약제들은 목면시비 1차 시비에는 다이센M, 2차 시비 때는 델란을 쓰면 훨씬 더 좋은 효과를 낼 수 있다는 결론을 가지고 권해 드리는 겁니다.

봄 서리 피해

서리 피해를 예방하는 방법은 살수 방법 또는 바람을 일으키는 방상팬을 설치하거나 불을 피워서 과수원 주변에 이슬 전 온도를 높여 주는 방법 등이 있습니다.

이런 처리를 할 수 있는 농가는 몇 안 되는 관계로 목면시비를 권해 드린 겁니다. 위의 처리보다는 효과 면에서는 더 안전하다고는 할 수 없지만 하신 과원과 하지 않은 과원은 확연히 차이를 나타냅니다.

2023년 봄 기온은 다른 해에 비해 유난히 변덕스러웠습니다. 전국적으로 냉해 피해가 속출하고 어느 지역은 배 복숭아 자두 체리를 찾아볼 수가 없을 정도로 심하다고 합니다. 이런 와중에도 목면시비를 2~3회 하신 분들은 어느 정도 열매를 달고 지나왔다고 하니 그나마 다행입니다.

목면시비를 했다는 농가에 전화해 보니 아미노산류를 두 번 했는데 냉해 피해를 입었다는 농가들이 많습니다.

목면시비에서 중요한 건 아미노산이 아닙니다. 가장 중요한 역할은 황산아연과 칼슘, 붕산입니다. 아미노산도 물론 중요합니다. 하지만 아연, 칼슘, 붕산을 넣지 않고 아미노산만 해서는 큰 혜택을 볼 수 없습니다. 같이 하시길 권해 드립니다.

개화 후 대처법

먼저 사진의 설명부터 하겠습니다.

첫 번째는 개화 후 열매가 안 달린 것 즉 수정이 잘 안된 겁니다. 아예 열매가 안 달립니다.

두 번째는 수정은 됐으나 열매가 낙과되기 직전의 모습입니다.

세 번째는 수정이 잘돼서 열매가 맺힌 모습입니다.

아예 수정이 안 된 건 저도 뭐라고 할 수 없습니다. 제 짐작으로는 저 정도면 수정 이상이라기보다는 전년도 햇빛 부족에 의한 게 가장 많습니다. 체리는 햇빛을 먹고 자란다고 해도 맞을 정도로 햇빛과 통풍이 중요합니다.

그리고 수정이 안 됐다면 전년도 양분 중에 4가지가 부족한 경우가 흔합니다.

인산가리, 칼슘, 붕소.

이 3가지가 부족했고 햇볕과 통풍이 부족했을 때 생기는 전형적인 모습입니다. 그래서 내년에 체리가 잘 열리게 하려면 올해 미리미리 인산가리, 칼슘, 붕소를 줘야 합니다.

두 번째 사진은 물 부족과 아연 부족일 확률이 가장 높다고 생각합니다. 목면시비 때 황산아연을 주면 좋은 점입니다. 그리고 개화 전에 물을 엄청 많이 주면 좋습니다. 그리고 개화 후 낙화가 시작되면 무조건 물을 듬뿍 주면 좋습니다. 목면시비와 물, 이 두 가지가 부족하면 저런 현상이 잘 옵니다.

세 번째 사진은 5년생 애보니펄입니다. 이 정도면 좀 많이 열린 편입니다. 이 정도 열렸으면 관리를 따로 하셔야 합니다. 체리는 꽃이 피기 전부터 관리를 해 줘야 합니다.

첫 번째의 관리는 목면시비입니다.

비대도 중요하지만 그것보다 더 중요한 거는 세포분열을 많이 해서 나무 안에 양분이 충만해져서 냉해에 견디는 힘을 높여주는 역할을 합니다.

두 번째로 중요한 건 수분입니다. 개화 전에 토양이 질퍽할 정도로 물을 줘야 합니다. 개화 중에는 말리는 게 중요합니다. 개화 후 꽃잎이 날리면 개화 전에 주는 것보다 더 많이 줘야 합니다.

세 번째는 토양에 주는 양분입니다.

꽃이 많이 폈다?????? 그러면 토양에 나무가 견딜 수 있을 만큼 양분을 많이 줘야 낙과나 수정 불량이 없습니다.

저는 토양에 질산칼슘을 줍니다. 10kg 정도 열릴 것 같으면 두 주먹 정도 줍니다. 꽃잎 날릴 때 주고 4일 후에 한 번 더 줍니다.

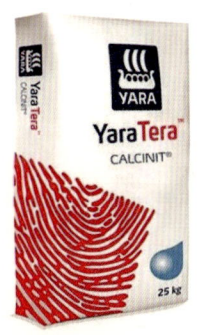

이때 열매 열릴 양과 가지 끝의 자람을 보고 안 자라는 것만 줍니다. 일주일 정도 후에 인편이 벗겨진 열매를 보고 한 번 더 줄 수도 있습니다.

그리고 정말 많이 열린 나무는 유박도 주고 퇴비도 줍니다. 이 비료를 구입하기 힘들면 질산태 질소로 만든 NK이삭거름을 줘도 됩니다.

바닥에만 줘서는 안 됩니다. 엽면살포도 반드시 해야 합니다.

이 제품을 저는 사용합니다. 각각 천 배로 혼용하여 일주일 간격으로 두 번을 줍니다. 해조추출물 50%짜리. 아미노산. 질소 성분 5%짜리 비대제를 같이 엽면살포합니다. 이렇게 해 줘야 개화꽃의 70% 이상을 건질 수 있습니다.

신세계 비대제는 초기성장용입니다.

중기 이후에는 비대888을 사용합니다.

체리 개화 시기에 가장 중요한 거를 다시 한번 정리하면…

무조건 물을 줘야 합니다.

양분을 바닥에 먹여야 합니다.

엽면살포로도 먹여야 합니다.

이런 조치를 취하지 않으면 체리는 큰 수익을 낼 수 없습니다. 그동안 체리 재배 하면서 관수를 하는 게 좋은가, 하지 않아도 되는가, 늘 말들이 많았습니다.

무조건 스프링클러로 초기에 엄청 주십시오. 열매를 많이 달고 싶으면 개화 전과 개화 후를 잊지 마십시오.

초기 양분을 줘야 하는 이유는 한 가지 더 있습니다. 초기 양분과 물이 많으면 유과 균핵병으로 알려진 왼쪽 사진 같은 것도 안 옵니다. 물 부족과 양분 부족은 무조건 그런 현상이 옵니다.

토양에 초기 비료 줄 때 주의사항

첫 번째 토양에 비료를 줄 때는 토양 전면에 골고루 뿌리시는 게 좋습니다.

두 번째 줄 때부터는 가지 끝이 나오지 않은 즉 열매는 달려 있는데 신초 자람이 약한 쪽 가지 밑 토양에만 집중적으로 주시는 게 좋습니다. 모든 나무는 양분을 이 쪽 가지, 저 쪽 가지 나눠먹지 않습니다. 자기 아래쪽에 있는 뿌리에서 올린 양분만 흡수 이용합니다.

만약 토양 전면에 줄 경우 새 가지가 자라지 않은 쪽은 콩알 처리됩니다. 반드시 신초가 자라지 않은 족의 토양에 집중 살포하십시오.

생리적인 낙과(june-drop)

원인: 씨앗이 경화 전에 발생하는 과일의 비정상적인 탈락. 유럽에서는 "Cherry Run Off"라고도 합니다. 수정이 불량하여 일정 비율의 과일이 떨어지는 현상을 말합니다. Sweetheart와 같은 일부 품종은 다른 품종보다 더 많이 떨어지고 어떤 해는 열매를 하나도 수확할 수 없을 정도입니다.

첫 번째 낙과는 만개한 후 약 2~2.5주 후에 발생하고, 두 번째는 약 1주일 후에 발생하며, 두 번째 낙과 후 약 3주 후에도 떨어지는 경우도 있습니다.

정확한 메커니즘은 알려져 있지 않지만 다양한 논문이나 설명서에서는 수분 부족, 수정 부족, 양분 불균형, 겨울 동해, 개화 주변의 서리 피해 또는 개화 중 고온이 생리적 낙과에 영향을 준다고 합니다.

증상으로는 성장 중인 것으로 보이는 녹색 열매가 성장을 멈추고 나무에서 떨어집니다. 과일이 떨어지기 직전에 갈색에서 회색으로 변할 수 있습니다. 과일은 또한 색이 붉어지면서 부분적으로 익은 것처럼 보일 수 있습니다.

외국에서도 이런 현상은 있습니다. 6년 미만 나무에서 주로 많이 나타나나 기온 변화가 큰 우리나라에서는 더 자주 일어나는 현상입니다. 그렇다고 우리도 외국처럼 그냥 두고 볼 수는 없습니다.

외국의 생리적 낙과 모습. june-drop이라고 표현함

그들과 기후 조건이 다르고 토양이 다르기 때문입니다.

다음의 내용들은 제가 17년 동안 체리 재재를 하면서 체리 생리적 낙과를 안 시키려고 노력했던 부분들이니 오해 없이 참고해 주셨으면 합니다.

왜냐?

100% June-drop이 생기지는 않고 열린 열매가 정상적으로 자라는 건 아니고 정도 것 떨어뜨립니다. 그래도 수확하고 판매할 양은 충분히 나오는 조치라고 생각되어 적어드립니다.

물 관리를 잘한다: 체리 원산지인 터키는 3월부터 5월까지는 밖에 외출 시 늘 우산을 가져가야 합니다.

저도 4월에 터키에 머물 때 늘 우산을 가지고 나갔습니다. 하루에 한 번 혹은 이틀에 한 번은 소나기를 만날 수 있습니다. 우리도 3일에 한 시간 정도의 물 관리를 해 주면 좋습니다.

목면시비를 하십시오: 우리나라의 기온 편차는 유럽의 기온편차보다 엄청 더 심합니다. 개화 시기에 영하의 온도로 내려가는 날이 수시로 일어납니다.

목면시비는 저녁에 하십시오. 작물에 양분을 주고 작물 스스로 견디는 힘을 길러주십시오.

개화되어 있는 상태에서 농약살포를 하지 마십시오. 당신이 알고 있는 병이 그 병이 아닐 수 있는 확률이 높습니다.

일단 개화가 되고 열매가 맺히면 꽃잎이 날리고 인편이 벗겨집니다.

인편(꽃잎 찌꺼기)이 벗겨지는 시기에 체리는 막 성장하기 시작합니다.

뿌리는 2월 초부터 성장하기 시작하여 양분을 밀어올리니 개화 후에 체리는 급속도로 성장을 합니다.

신초가 10㎝ 이상 자라지 못하게 하십시오: 이 부분은 양분의 불균형입니다. 체리는 신초자람이 유독 큽니다. 옥신생성이 활발하여 신초를 잘 자라게 합니다. 그때 에틸렌이 생성이 되는 경우가 흔합니다.

이 에틸렌이 생리적 낙과를 만드는 주범입니다. 저는 그래서 신초가 10㎝ 정도 자라면 c/n율을 맞추기 위해 규질 비율을 이용합니다. 질소를 못 먹게 하는 겁니다. 질소를 못 먹게 해서 신초자람성을 일단 멈추고 열매를 키우는 탄소를 보급하는 겁니다.

탄소란 질소를 뺀 나머지 양분이 탄소라고 쉽게 이해하시면 됩니다. 복잡하게 설명하면 머리만 더 아파지거든요.

다음 방법은 제가 정말 심하게 질소를 머고 있는 놈에게 질소를 빼는 방법이니 참고만 하시고 쉽게 인산가리를 사용하시는 편이 더 안전합니다.

인산가리를 천 배로 혼용해서도 신초자람이 멈추지 않으면 오백 배로 하셔도 됩니다. 더 강한 비율은 사용해 보지 않아서 모릅니다. 단지 들리는 말로는 인산가리를 두 주먹 주었더니 2년 동안 자람이 아예 멈춰 버리더란 이야기는 들어봤습니다.

저는 최대 한 주당 20g을 넘기면 안 된다고 그것도 선별해서 너무 크는 나무에만 주라고 합니다.

저는 천 배로 주면서 규산을 사용합니다. 여러분들도 집에 있는 비료를 사용하십시오.

우선 규질 비율부터 봅시다.

규소 즉 규산이 많으면 질소를 먹지 못하는 현상을 말합니다.

단순하게 규산만 많으면 질소를 못 먹게 하느냐?

아닙니다.

이 말은 규산질 비료를 처음 사용하면서 발견된 현상입니다. 규산질 광물 자체는 음전하의 성질을 가지고 있어서 양전하 물질과 결합이 잘됩니다. 그래서 석회를 혼용해서 살포를 하니 세포벽이 두꺼워지면서 쓰러지는 작물이 덜하는데 조금만 비율이 높아지면 질소 성분을 몰아내서 이파리까지 노래지더라 하는 데서 나온 말이 규질 비율입니다.

그렇다고 일반적인 액상 규산을 주면 이런 현상이 나오느냐? 그건 아닙니다. 규소만 따로 분리해서 만들어진 게 액상 규산입니다. 액상 규산을 규질 비율에 적용하려면 석회를 즉 칼슘을 혼용해야 합니다.

규질 비율은 규산 25대 칼슘 40이 맞습니다만 이 비율을 맞추려면 어려우니 둘 다 천 배로 희석해서 질소를 빼시면 됩니다. 이 방법은 현재 사과 수확기에 질소를 빼고 색을 입히는 흔히 '깔약'이라는 제품에도 적용합니다. 또한 sio4는 확산제로도 이용되기도 합니다. 논에 주는 규산질은 sio2입니다. 제가 여기에서 말하는 액상 규산은 sio3라는 오르토 규산을 말하는 거니 오해 없으셨으면 합니다.

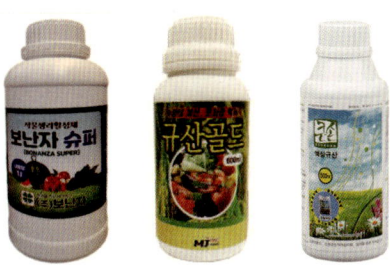

저는 이 제품들을 사용합니다. 체리 신초가 10㎝ 정도 자라고 열매를 낙과시키지 않아야 할 때 사용합니다. 만약 어린 나무에 너무 많이 열렸다 싶으면 좀 더 기다립니다. 낙과율이 좀 더 진행되면 그때 사용합니다.

액상 규산 천 배, 칼슘제 천 배. 2023년 같은 해에는 꼭 줘야 하는 해입니다. 즉 봄 내내 가물고 비가 없다가 개화 후에 4일 정도 비가 왔습니다. 그러면 땅속에 있는 질소만 먹는 나무들이 옥신생성이 활발해지면서 신초 자람이 더 심해집니다. 이래서 생리적 낙과가 심해지는 겁니다.

사실 평년 정도면 인산가리로만 잡아도 충분합니다. 그래서 열매를 맺지 않은 나무들은 인산가리를 열심히 주라고 하고 열매가 열리는 나무가 있는데 날씨의 변화가 올해처럼 급변할 때는 이 처방이 필요합니다. 사과나 자두 복숭아 살구 매실 등도 이조치는 늘 준비를 해두 셨다가 June-drop 발생 시 빠른 조치를 취하면 좋은 효과를 볼 수 있을 겁니다.

규산을 열과 예방에 이용하는 방법

앞서 나열한 방법은 생리적 낙과를 예방하는 방법이었습니다. 규산은 세포벽을 두껍게 하기에 열과 예방에도 탁월한 효과를 나타냅니다. 하지만 칼슘과 혼용 시에는 질소를 빼는 역할을 하기에 순수 열과 예방 목적으로 사용할 때는 위에 있는 규산 제품 중 하나를 칼슘을 빼고 살포하셔야 합니다.

어느 분은 칼슘과 같이 살포 했는데도 열과에 효과가 좋다는 분도 있더군요. 판단은 여러분들이 하셔야 합니다.

이걸 했다고 100% 열과가 되지 않는 건 아닙니다. 특히 브룩스나 코랄샴페인처럼 단단한 품종은 효과가 정말 미비합니다. 껍질이 부드러운 품종일수록 효과는 더 뛰어 납니다.

열과를 덜 생기게 하는 방법

열과는 품종 선택이 가장 중요합니다. 열과가 덜 오는 품종을 선택하십시오.

순집기를 하지 마십시오. 순집기를 하면 양분 불균형으로 인해 더 많은 열과가 생깁니다.

주지나 부주지에 열매를 달면 더 옵니다.

결과지를 전부 순집기하고 주지나 부주지에 열매를 달면 양분 이동이 빠르고 많은 양분이 일시에 이동하므로 열과율이 훨씬 높게 나옵니다.

결과지를 활용하십시오. 결과지에 체리가 달린다는 거는 5년 이상 자랐다는 겁니다. 이때부터 열과는 점점 더 없어집니다. 만약 그래도 불안하시면 경핵기 때(체리가 노란색으로 변할 때) 규산을 한 번, 붉은색으로 변할 때 한 번, 이렇게 예방을 하십시오. 사용량은 천 배입니다.

규산 사용 시 주의사항

규산은 음전하를 가진 이온입니다. 그러므로 한번 양전하의 물질과 결합하면 다른 양전하가 와도 결합을 잘 안 합니다. 그래서 물을 받은 중간이나 처음에 희석을 하면 효과를 잘 못 봅니다.

모든 농약이나 비료를 먼저 희석 후 물도 전부 받아놓고 뚜껑을 닫기 전에 희석하십시오. 그리고 아무것도 추가하시면 안 됩니다. 물도 추가하시면 안 됩니다. 가장 마지막에 규산을 넣으셔야 효과가 더 좋습니다.

탄산칼슘으로 도포하는 방법을 처음에는 사용하였으나 일찍 수확하는 체리에 흔적이 많이 남아서 수확 시에 농약 묻은 것처럼 남아서 탄산칼슘은 잘 살포를 하지 않습니다. 다만 수확기에 비가 너무 많이 오면 어쩔 수 없이 사용은 고려해 봐야 할 겁니다.

수지병

체리의 수지병에는 여러 원인과 증상이 있습니다.

① 세균성 수지병

세균이 만든 시링고마이신(syringomycin)이라는 독소가 조직을 파괴합니다. 병에 걸린 나무에는 궤양이 생기고, 나뭇진(수지, 樹脂)이 흘러내리며, 경우에 따라서는 눈이 죽고 잎에 구멍이 생긴다. 나무 모양을 만들기 위하여 자름 전정이 많은 유목기 발생이 많습니다. 전정 후 24시간 이내에 비가 오면 병 감염률이 높으므로 72시간 내 비 예보가 있으면 전정을 비 온 뒤 맑은 날 실시합니다.

특히 체리 전정을 겨울에 실시하는 농가는 잘라낸 부위에서 수지발생이 많습니다. 체리 전정시시는 풍성기 때부터라고 생각하시고 풍성기 이후 개화 시기에 하면 수지 흐름을 많이 줄일 수가 있습니다.

체리는 여름 전정으로 햇볕이 잘 들고 바람이 잘 통하게 톱으로 굵은 가지를 빼내시면 봄 전정은 닭발이나 정리하는 수준으로 전정을 하니 체리 재배에 활용하시면 도움이 많이 될 걸로 봅니다.

② 복숭아 유리나방에 의한 수지

연 1회 발생하며 유충으로 월동하나 월동 유충은 어린 유충에서 노숙 유충으로 다양합니다. 월동태가 노숙 유충일 경우 6월경 성충으로 발생하므로 연 2회 발생하는 것처럼 보입니다.

월동 유충은 보통 3월 상순경부터 활동을 시작하여 가해하며, 이때 어린 유충은 껍질 바로 밑에 있기 때문에 방제하기 쉬우나, 성장할수록 껍질 밑 깊숙이 들어가기 때문에 방제가 곤란합니다.

보통 토양보다는 벚나무류는 가지 사이에 알을 낳는 경우가 많습니

다. 8~9월 초에 사진처럼 가지 갈라지는 부위에 알을 낳는 경우가 흔하므로 9월 중순경에 전용 살충제를 정량의 두 배를 희석해서 나무 전체에 살포하는 게 아니고 수관 가지가 갈라지는 곳에만 살포를 해 주면 잘 듣습니다. 앞의 방법은 공인된 방법이 아니고 일반 농가에서 사용하는 방식이니 참고하십시오.

농약이 싫으신 농가는 가성 소다를 20L의 물에 500g을 혼용해서 가지 갈라진 부위에만 살포하셔도 효과는 좋습니다. 만약 살포할 때 톱밥이 보이면 톱밥을 제거하고 살포하시면 좋습니다.

다음은 충남 농업 기술원에서 연구한 체리 수지병에 관한 내용을 옮긴 것입니다. 잘 읽어 보시고 여러분들 농장에서 참고하십시오.

나. 체리 수지병 방제연구 ('14)

조사한 체리나무의 수령은 3년생, 5년생, 8년생과 10년생으로 다양하게 분포하였고, 각각 노지재배 포장과 시설하우스 재배포장으로 구분하여 조사하였다.(표 1) 수지발생은 조사시점인 3월부터 관찰되어 6월에 최고로 발생하였는데 3월 상순부터 발생이 관찰된 원인은 조사시점 이전인 2013년에 이미 발생한 수지를 제거하지 않고 방치한 결과로 분석되었다. 3년생 체리나무의 수지 발생률은 평균 7.5%, 8년생과 10년생은 각각 최고 87.4%, 44.1%의 발생률을 보였으며, 시설재배 포장은 노지재배 포장과 비교하여 약 5.2배 높게 발생하는 것으로 조사되었다. 수지는 처음 발생할 때 송진과 같이 끈적한 점질의 액체이나 시간이 지남에 따라 딱딱하게 굳어 가지에 고착되는 성질을 가지고 있는데, 이러한 수지가 발생하는 양상은 크게 4가지로 분류하였다. 그림 1에서 보듯이 전지한 가지 부위, 가지가 분지된 부위 또는 갈라진 수피 부위, 해충의 피해를 받은 부위, 3가지를 포함하는 세력이 약한 노령목에서 주로 수지가 발생하는 것으로 관찰되었다. 전지한 체리나무의 41%는 절단된 표면에서 수지가 발생하였으며 해충 피해를 받은 부위의 92%, 분지된 가지의 갈라진 수피 중 32%에서 각각 수지가 발생하는 것으로 조사되었다.(표 2)

한편 수지가 발생한 부위의 수피조직, 수지, 해충을 각각 채취하여 병원균을 분리 동정한 결과 P enicillium sp.와 Mucor sp.가 주로 검출되었고 2개의 병원균을 각각 어린 체리나무의 수피에 상처접종한 후 경과를 관찰한 결과, 수지가 발생한다든지 그 외 어떠한 병적인 증상은 나타나지 않았다.(표 3) 또한 수지가 가장 많이 발생한 해충 피해부위에서 포획한 애벌레를 동정한 결과, 복숭아유리나방과 하늘소애벌레로 밝혀졌다. 이러한 결과를 미루어 볼 때 체리나무에서 발생하는 수지는 김 등(1999)이 보고한 감귤 수지병균 Diaporth citri과 비교하여 어떠한 유사성도 발견되지 않았다. 따라서 체리나무에서 발생하는 수지는 병원균이 발생소인이 아니라 전지와 해충과 같은 기계적인 상처로 반응하는 생리적 대사물질로 판단된다. 수지가 발생된 부위는 다시 발생하지 않도록 치료가 필요하다. 하지만 수지가 딱딱하게 굳어 가지에 고착되어 발생 부위의 치료가 어려우므로 이에 대한 대책을 찾고자 하였다. 우선 물에 충분히 적신 티슈를 수지 발생 부위에 감고 티슈가 마르지 않도록 랩으로 밀봉한 다음 1~2일 동안 두면 수지는 부드럽게 변하여 쉽게 제거가 가능하였다(그림 2). 수지를 제거한 후 발생 부위에는 수목전지봉합 상처치료제를 처리하면 수지 재발을 줄일 수 있다. 표 4는 수지제거 부위에 상처보호제를 처리하고 3개월 후 다시 조사한 결과로 평균 65.9%의 치료 효과를 나타내었다.

이처럼 수지가 흐르는 곳이 체리나무가 썩어 가는 곳에 도포제 처리를 하면 많이 좋은 결과를 얻어냅니다.

저는 톱신 페스트를 사용하지 않고 농장에 있는 제품을 활용합니다. 제 방식은 석회고토 비료를 이용하는 것입니다.

석회고토를 액체인 꽃게 아미노와 혼용해서 풀어 놓습니다. 비율은 꽃게아미노를 먼저 넣고 아미노의 반 정도의 석회고토를 부어서 죽보다 약간 더 물을 정도로 혼용해서 놔둡니다. 한두 시간이면 완전히 용해됩니다.

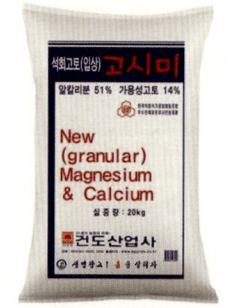

그 후 쓸 만큼 덜어서 사용 전에 다이센M과 살충제를 혼용해서 수지가 흐르는 부위에 또는 가지 갈라지는 부위에 붓으로 칠합니다. 수지가 조금 있는 곳은 그냥 바르고 많은 곳은 발라내고 바르면 좋은 효과를 보실 겁니다.

체리에서 오해하기 쉬운 병증

세균성 구멍병이라는 병입니다. 오른쪽 사진은 복숭아 세균성 구멍병의 초기 모습입니다. 저런 상태에서 좀 더 심해지면 구멍도 생기고 낙엽이 됩니다.

오른쪽 사진은 체리에 오는 구멍병 사진입니다.

보통 세균성 구멍병에는 마이신류를 가장 흔하게 사용합니다. 그러다 보니 체리에도 저상태가 되면 무조건 마이신을 살포합니다.

세균성 구멍병의 병원체는 Xanthomonas campestris pv 벚나무류에 오는 벚나무갈색무늬구멍병(천공성갈반병)은 Mycosphaerella cerasella Aderhold라는 병원체로 완전히 다릅니다. 즉 세균이 아니고 자낭 즉 곰팡이에 의한 거라는 겁니다. 형태를 보면 다음과 같습니다.

> 분생포자(分生胞子)와 자낭포자(子囊胞子)를 형성하며 자낭각(子囊殼)의 형태로 병든 잎에서 월동하여 이듬해에 제1차전염원이 된다. 자좌(子座)는 표피의 밑에 형성되며 나중에 표피를 깨고 부분적으로 노출된다. 분생포자(分生胞子)는 분생자병(分生子柄)의 끝에 형성되며 격막은 0~3개, 담갈색~갈색으로 크기는 10~40×1.5~5㎛이며 곤봉상~편상이다. 자낭각(子囊殼)은 구형~편구형으로 그 상단에 공구(孔口)를 갖고 있다. 자낭(子囊)은 원통형~곤봉형으로 크기 벚나무류에서 흔히 발견할 수 있는 병으로 수목의 생장에는 큰 피해는 없으나 미관이 나빠진다. (출처 산림청)

곰팡이에 의한 병인데 체리를 잘 아신다는 어느 분이 이건 세균성 구멍병이라 마이신만이 치료가 된다고 소개한 후 많은 분들이 마이신 종류를 살포해서 낙엽지는 속도가 가속화되고 나중에는 화속까지 타 버리는 경우를 흔하게 목격했습니다.

저는 정 불안하시면 포리옥신(미등록약제)과 올솔린산을 혼용해서 한번 해 주되 더 이상 살포를 하지 마라고 합니다. 차라리 톱을 가지고 가서 굵은 가지를 하나 빼 주십시오. 그러면 멈추는 경우가 흔합니다.

마이신류는 신중하게 사용하시는 게 좋습니다. 가급적이면 안 하는 게 더 좋습니다. (저는 포리옥신을 사용합니다. 하지만 체리에는 등록되어 있지 않은 약제이니 등록되어 있는 약제를 사용하십시오)

왜 체리나무는 잘 죽는가

체리나무가 식재 후 잘 자라다가 죽는다는 분들이 많습니다. 여러 가지 원인들이 있을 수 있지만 그중에서 가장 실수하기 좋은 이유들을 살펴보겠습니다.

식재 시 잘못 심었어요

체리는 천근성 작물입니다. 벚나무류는 거의 다 천근성입니다. 천근성이라는 말은 뿌리가 숨을 쉬어야 하기에 뿌리에 산소공급이 잘되어야 한다는 말입니다.

15년생 체리나무를 굴취해 보면 (콜트나 크림슨 대목) 깊이는 30㎝ 이내에 모든 뿌리가 공존해 있습니다. 옆으로 20m까지 자란다고 하는데 직접 캐 본 거는 6m 정도입니다. 여기서도 절단했으니 더 자랐을 겁니다. 깊이는 30㎝도 안 들어가 있습니다. 거의 표면에 깔려 있다는 표현이 더 맞을 겁니다.

유공관의 효과를 못 본다는 말이 맞을 수도 있습니다. 유공관은 묻을 때 70-80㎝ 정도의 깊이에 묻으니까요.

기세라 대족은 직근성이 있다고 합니다. 그래서 유공관의 효과를 볼 수도 있으니 우리나라 토양 특성상 공기층이 워낙 낮으므로 기세라 대목이 잘 죽지 않나 생각합니다.

이런 특성을 가진 나무를 30-40㎝ 구덩이를 파고 심는다?

뿌리가 호흡을 못 해서 첫해부터 죽어 나갑니다. 체리는 깊이 심으면 심을수록 잘 죽습니다. 절대 대목이 안 보이면 안 됩니다. 대목이 10㎝ 이상은 노출이 되게 심으십시오.

물을 너무 자주 주었어요

체리 식재 후 첫해는 물을 잘 주어야 합니다. 이 말 한마디에 많은 분들이 3일에 한 번씩 물을 줍니다. 모든 작물은 비가 오거나 물을 줄 때는 뿌리가 활동을 일시적으로 멈춥니다. 물이 빠지고 땅이 마르기 시작하면서 뿌리는 다시 활동을 하게 됩니다. 반면에 줄기 끝은 물을 주면 뿌리에서 흡수한 양분으로 인해 자라는데 멈추질 않습니다.

흔히 TR율이라는 말이 이곳에서 적용됩니다. 뿌리가 자란 만큼 위의 가지도 자라야 하는데 뿌리는 덜 자라고 위에 가지만 무성해지면 나무는 금방 죽을 처지에 놓이게 됩니다.

부직포를 덮어서 키우는 농가도 마찬가지입니다. 부직포 밑의 토양은 늘 축축하니 수분이 머물러 있습니다. 그러다 보니 뿌리가 멀리 뻗지 못하고 제자리에서만 머물러 있고 위에는 막자라고 있죠.

거기에서 TR율이 깨지는 겁니다. 3년 이후부터는 병도 잘 오고 가지 마름도 잘 오고 나무가 잘 죽게 됩니다. 만약 부직포를 씌우셨다면 무조건 벗겨 내십시오.

　식재 후에 사방 일 미터 정도의 부직포로 나무 주변만 덮는 것은 많은 분들이 이용하는 방법이니 이런 방법을 사용해 보시길 권해 드립니다.

　식재 후 물을 주는 방법은 비가 오지 않으면 7~10일 간격에 한 번 정도 듬뿍 주시고 말리십시오. 그 중간에 비가 오면 안 주셔도 되고요. 물을 주는 것보다 잘 말리는 게 중요합니다. 잘 말리다가 어느 때에 물을 줘야 하는지는 본인의 토양 조건에 다르니 참고하시고 잘 말리십시오. (특히 7월부터는 되도록 물을 주지 마십시오)

식재 후에 퇴비를 주었어요

　몇 년 전만 해도 식재 후 모 회사의 유박을 주당 1kg 정도를 주라고 했었습니다. 지금도 저는 줍니다.

　하지만 여러분들은 주지 마십시오. 유박이 나빠서가 아닙니다. 어린 나무에 주는 요령이 있는데 무조건 주면 어린 나무는 잘 죽습니다. 더군다나 일반 유박은 거의 다 죽습니다.

　제가 권해 드렸던 유박은 아주까리박이 20% 미만 함유고 골분 20% 이상, 어분이 60% 이상 들어 있어서 그나마 가스발생이 극히 미미해서 이 유박을 써도 된다고 했더니 어느 분은 주당 반 포, 어느 분은 한 포씩을 주신 분들도 계셨습니다.

　일반 유박이나 퇴비는 절대 주지 마세요. 어린 묘목은 잘 죽습니다. 기존에 농사짓던 곳이면 물만 주셔도 잘 자랍니다.

만약 이 조건에 맞는 유박이 있으면 주당 1~2kg 주시되 비가 오거나 물을 주시고 앞으로 4일 이상 비가 오지 않은 날 주십시오. 그래야 가스에 안전합니다. 이것도 기존에 농사짓던 곳이면 안 주셔도 무방합니다.

식재 후 6월경이 되면 NK비료(이삭거름으로) 한 주먹씩 주시는 게 안전합니다.

저는 yara 제품인 질산칼슘만 사용합니다. 국내에 나와 있는 석회질소라는 비료는 거의 모든 게 생석회로 만들어진 거라 작물이 있는 상태에서 사용하시면 무조건 죽는다고 보시면 됩니다. 그래서 석회질소는 작물 식재 전의 토양소독제로 사용합니다.

포대에는 '생석회를 함유했으니 주의하세요' 이런 글은 없습니다. '작물 식재 전 며칠' 이렇게 적혀 있으니 오해하시고 살포했다가는 전멸입니다. 무안 쪽에서 한 주먹씩 준 농가도 500여 주를 한 방에 죽였습니다.

질산칼슘을 못 구하시면 NK이삭거름으로 주시길 권해 드립니다.

한 주에 한 주먹씩 20일 간격으로 주되 잘 자라면 안 줘도 되고 안 자라는 것 위주로 주십시오.

그만큼 어린 나무는 위험합니다. 물만 주어도 잘 자랍니다. 엄청 잘 큽니다. 너무 잘 커서 탈입니다. 제발 퇴비로 키울 생각하지 마세요.

식재 후에 유박은 어떤 게 좋아요?

저도 처음에는 이런 저런 유박을 써 보면서 많이 죽여 봤습니다. 그러다가 장보고라는 유박을 써 보니 어린 체리나무가 죽지 않더군요. 그래서 완도 수협까지 직접 찾아가 보니 그 당시에 상표가 바뀌고 있는 찰나였습니다. 그래서 광어유박을 사용하게 된 거고 요즘에는 두 가지 유박을 사용합니다.

무슨 농약을 하셨어요?

식재 후에 첫해에는 많은 분들이 전화를 합니다.
'잎에 구멍이 생겼다. 무슨 약을 하느냐?'
'끝이 시들었다. 무슨 약을 하느냐?'
'진물이 흐른다. 무슨 약을 하느냐?'

그냥 두셔도 무방합니다. 이런 작은 이상 현상은 나무를 죽이지는 않습니다. 잘못 주는 비료와 퇴비 유박 등에 의해서 나무는 더 잘 죽고 잘못 주는 농약에 의해서 나무는 더 잘 죽습니다. 잘못된 전정에 의해서 나무는 잘 죽습니다.

보통 농업인들이 오해하는 게 있습니다.

'농약을 하면 되겠지….'

하지만 잘못 주는 경우가 흔합니다.

'자르면 되겠지….'

여러분들이 잘못 잘라서 죽는 경우가 허다합니다. 체리는 열매 열려서 볼 때까지 최소한으로만 하는 게 좋습니다.

농약도 최소한으로 물 주는 것도 최소한으로 전정도 최소한으로 퇴비나 비료도 최소한으로 하다가 열매를 맺고 나면 막 자르시고 막 주세요.

정작 열매를 맺고 나면 막 잘라야 하는데 그때부터는 아깝다고 안 자르니 안 열려 버리고 그때부터 비료나 퇴비를 안 주니 열매가 콩알이라고 그리고 그때부터 농약이나 영양제를 안 주니 열과되네, 벌레가 먹었네 이런 말들이 나옵니다.

여러 가지 원인이 있겠지만 저는 이렇게 봅니다. 체리 재배하시는 분들의 9% 이상이 처음 과수를 재배해 보시는 분들이고 그중에 95% 이상이 귀농자들입니다. 그렇다 보니 이런 일들이 많이 생기는 것 같습니다.

처음 귀농하시는 분들은 체리 하지 마십시오. 너무 힘듭니다. 기존에 과수를 재배해 보신 분들이라면 무조건 체리를 심으십시오. 너무 편하고 할 일이 없습니다. (다른 과수에 비해서)

이유 없이 죽는 거요…

모든 작물은 이유 없이 죽는 경우는 없습니다. 어떤 원인이든지 있습니다. 그걸 몰라서 이유 없이 죽었다고 하지 원인은 무조건 있습니다. 대책은 본인들의 몫입니다.

모든 것의 대책은 있습니다. 열과도 대책은 존재하고 이유 없이 죽는 것도 대책은 존재합니다. 체리 열매가 작은 것도 냉해가 자주 와서 해마다 못 따는 것도 대책은 존재합니다.

그 대책에 관해서 행하셨습니까?

냉해 피해로 해마다 못 따는 농가를 가서 '냉해 예방제라도 하셨나요?'라고 물으면 '그런 게 있어요?????' 합니다.

더 늦게 개화하는 사과도 냉해가 있을 것 같은 해에는 냉해 예방제를 무조건 합니다. 몇 년 전부터는 의무처럼 합니다. 요즘에는 냉해 예방제로 많은 제품들이 나와 있습니다.

하지만 체리 농가에서는 거의 하지 않습니다. 그래 놓고는 냉해 피해라네요….

체리보다 먼저 개화하는 배 재배 농가들은 어떻게 매년 배를 생산할까요? 체리에서 가장 흔히 죽는 것이 장마철 이후에 많이 나타납니다.

장마 지나니까 이유 없이 말라죽네요? 원인이야 여러 가지 있을 수 있습니다. 장마철 습 피해로 인해 뿌리 기능이 상실되고 장마 끝나면 뿌리 활동을 못 하니 이때부터 말라서 죽는 게 체리에 가장 흔하게 나타나는 현상입니다. 물론 두더지의 피해로 죽는 경우도 많고요.

두더지 잡는 거야 워낙에 유명하시는 분들 많으니 거기서 배워서 잡

아 보시고 저는 장마 후에 체리나무가 덜 죽게 하는 대책을 말씀드리려고 합니다. 제 말처럼 한다고 100%로 살린다고는 못 합니다. 단지 덜 죽더라는 거니 참고하시면 좋을 겁니다.

잎의 기공 밀도와 증산 속도

과 종	기공(mm^2당)		증산속도 (mmol $H_2O/mm^2/sec$)
	윗면	아래면	
Apple 사과	0	294	4.07
Black cherry 체리	0	306	3.66
Sour cherry	0	249	4.87
Peach	0	225	4.85
Grape 포도	0	125	6.28
Black walnut	0	461	4.89

이 도표는 과수의 잎의 기공의 숫자와 7월에 증산되는 물의 양을 표시한 도표입니다. 분명 체리의 기공의 숫자는 포도의 두 배가 넘습니

다. (이 포도는 와인용 포도가 아니고 생식용 포도입니다) 하지만 7월의 증산량이나 속도는 일반 포도의 절반 수준입니다. 그래서 우리나라에선 포도를 논에서도 재배할 정도로 습에 강하다고 합니다. 배도 증발량이 많은 편이죠.

근데 왜 7월부터 체리만 유독 속도나 증발량이 작을까요???

추정은 이렇습니다. 원래 사막화 지역이 원산지인 체리는 봄에는 비가 많이 오니 증발량이 늘었다가 6월부터는 거의 비가 오지 않은 지역에 자라던 버릇이 즉 비가 안 오니 증발량과 속도를 줄여야 나무가 살아남는 버릇이 되어 있어서 저런 현상이 나오지 않나 생각합니다.

그런데 우리나라 기후는 7월부터 비가 많은 지역입니다.

장마철에 가장 왕성하게 증발을 해야 하는데 저런 버릇을 가진 나무라 증발량은 줄어들고 비가 많으니 뿌리에서 먹는 거는 많고 증발을 많이 해야 하는 시기에 증발을 못 하는 현상은 뿌리의 호흡곤란을 불러옵니다. 그런 이유로 뿌리가 죽어 버리는 현상이 올 수 있습니다. 그리고 장마가 끝나면 뿌리는 활동을 못 하니 위에서부터 말라서 죽어 버리는 겁니다.

다른 원인도 있습니다만 대표적인 현상이니 잘 기억해 두시고 응용하시면 좋은 자료가 될 겁니다.

그럼 어떻게 해야 증발량을 높일 수가 있을까요? 증발량이 많아지면 아무래도 죽는 현상이 덜할 수 있기 때문에 증발량을 늘려주는 건 매우 중요합니다. 수분 증발은 잎 뒷면의 기공이라는 곳에서 합니다. 기공의 생김새는 다음 사진과 같습니다.

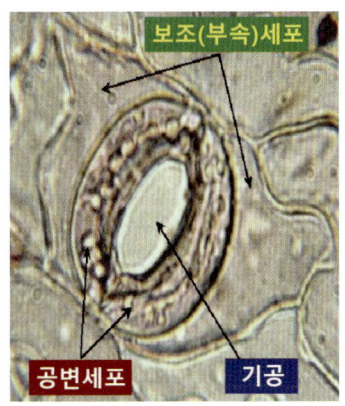

주변에 공변세포가 있고 공변세포 주변에는 부속 세포들이 자리 잡고 있습니다. 기공의 개폐를 담당하는 세포는 사진상의 공변세포가 개폐를 담당하는데 이 기공이 닫히면 증산율이 떨어지는 겁니다. 그러면 기공을 7월에 열어 주면 증산량이 늘어날 겁니다.

공변세포를 활성화해서 기공을 열어 주십시오. 공변세포는 칼륨이온에 의해서 활성화됩니다. 즉 칼륨(가리)이온에 의해서 활성화가 되는 공변세포이니 가리를 자주 주면 좋습니다. 이 방법은 후지 사과에도 사용합니다.

후지 사과는 6월 말이나 7월 초에 황산가리를 바닥에 살포하는 게 기본 재배력입니다. 바닥에 주지 못할 시에는 1년에 4회 이상의 엽면살포를 하라고 되어 있습니다.

체리도 마찬가지입니다. 봄부터 신초 자람이 강한 체리는 신초가 10㎝ 정도만 자라도 무조건 인산가리를 살포해서 억제를 해 주어야 좋습니다. (살포방법은 앞쪽에 공개되어 있습니다)

그리고 약을 하실 때 열매 있으면 황산가리 열매가 없으면 인산가리를 엽면살포하십시오. 엽면살포가 어려우시면 수확 끝나자마자 염화가리나 황산가리를 바닥에 시비하십시오. 그러면 습에 견디는 강도가 훨씬 좋아집니다. 특히 논이나 지대가 낮은 지역에 식재되어 있는 농가들은 의무적으로 해 주는 게 좋습니다.

※ 증산을 통한 수분 손실은 동시에 기화열을 상실함으로써 식물체의 온도를 내릴 수 있습니다. (대학자료 중 수분 포텐셜 부분에서 인용)

체리 열매에 오는 병

체리 열매에 오는 병중 가장 흔한 게 회성병(복숭아 잿빛무늬병(Brown rot))과 같은 병입니다.

많은 분들이 오른쪽의 사진처럼 곰팡이가 생기는 것만 잿빛곰팡이병으로 알고 있습니다.

위 사진의 B의 모습은 균핵병으로 알고 있고요. 하지만 학계에서는 두 가지를 하나로 보고 있습니다.

개화가 때문만 아니라 열매에도 나타나는 병이라는 겁니다. 체리에

Fig. 5. Brown rot caused by *Monilinia fructicola* on sweet cherry. (A) Occurrence of brown rot in a farm in June 2017, (B) A brown rotted fruit covered with the grayish spore mass, sporodochia, (C, D) Monilioid chains and lemon shaped conidia, (E) Five-day-old colony of *M. fructicola* on PDA.
(핵과류 잿빛무늬병을 일으키는 *Monilinia fructicola* 병해 특성 논문 인용)

개화 전 델란 소독은 필히 해야 하고 만약 이런 현상이 보인다면 다시 한번 델란을 해서 더 이상 번지지 않도록 하는 게 저는 좋았습니다.

예방법

저온(20~25도)과 과습에 의해 오는 병으로 30도를 넘어가면 소멸되는 병입니다. 하지만 체리 수확적기에 20~25도이니 흔히 온다고 봐야 할 겁니다.

예방법은 품종 선택이 중요합니다.

① 과경이 짧은 품종은 피합니다. (타이톤 등)
② 한 개의 꽃눈에서 4개 이상의 열매를 맺는 풍산성은 피합니다.
　 (라핀, 스윗하트, 겔노트 등)
③ 중만생종이면서 연육종은 피합니다. (서미트, 일본 품종 등)
④ 전정을 과감하게 하여 바람과 햇볕을 잘 들어오게 합니다.
⑤ 비 가림이나 하우스 안에서는 송풍기를 설치하여 운영합니다.

체리 재배하면서 해야 될 일들

　체리 재배력 풀어서 보기. 단, 식재 후 3~4년 후에 적용하는 방법이니 식재 후 1~2년 된 체리나무는 하지 마시길 권해 드립니다.

동계 방제

　동계 방제로 체리 재배하시는 분들이 가장 많이 하는 게 석회보르도액과 석회유황 합제를 하는 것입니다. 저는 석회보르도액이나 석회유황 합제를 단 한 번도 사용해 보지 않았고 외국에서도 거의 사용을 하지 않은 방제법으로 알고 있습니다.
　저는 4년 이상 된 나무부터 봄 기계유제를 합니다. 처음에는 저도 기계유제를 사용했습니다. 500L의 물에 2~3L, 더 이상 사용하면 꽃눈에 이상이 오더군요.
　지금도 식물성오일이 없으면 기계유제를 사용합니다. 식물성오일도 500L에 1~2L만 넣고 사용합니다. 식용류가 아니고 농업용 식물성 오일입니다.
　이때 같이 혼용해야 할 게 있습니다. 저는 기계유제나 식물성오일을 사과 밭에 살포할 때 코사이드와 깍지벌레약을 혼용해서 살포합니다.

체리는 5년 넘어가는 나무에는 가장 잘 오는 병이 깍지벌레병입니다. 그래서 깍지벌레를 잡기 위해 기름과 농약을 혼용해서 살포합니다. 이 두 가지를 기름과 같이 혼용해서 하시면 1년 동안 깨끗합니다.

군이 보르도액이나 석회유황 합제를 안 하셔도 깨끗합니다. 석회유황 합제나 보르도액을 했다는 농가들 가서 보시면 나무는 엉망인 경우가 많습니다. 그리고 깍지벌레나 고약병에 걸린 나무들을 많이 볼 수 있습니다.

고약병은 5년 이상 된 체리나무 밭에 잘 옵니다. 원인은 깍지벌레와 습한 토양 햇볕과 바람이 통과되지 못한 나무에서 많이 옵니다.

만약 본인의 밭에 이런 나무가 보이면 과감하게 안쪽을 솎음전해 주시고 깍지벌레약을 해서 죽이시면 회복은 가능하나 다시 한 번이라도 우거지거나 습해지면 회복 불능 상태가 될 수 있으니 참고하시기 바랍니다.

수분 관리

체리나무는 물을 엄청 좋아합니다. 다른 과수보다 유난히 물을 좋아합니다. 체리나무는 물이 없으면 모든 열매를 버립니다. 체리나무는 물이 적으면 그해 생을 마감해 버릴 정도로 물을 좋아합니다.

체리나무가 많이 분포되어 있는 지역도 비가 많은 지역입니다. 단 전년도 가을부터 올해 봄까지 즉 열매 키울 때까지는 물을 엄청 좋아하고 필요로 합니다. 이때 물이 없으면 모든 열매는 콩알 정도의 크기에서 전부 떨어져 버립니다.

물이 많으면 냉해 피해도 적습니다. 토양에 물이 많으면 영하 2~3도는 너끈히 견뎌냅니다. 체리의 주산지에도 개화 시 온도가 영하 2~3

도는 수시로 떨어집니다. 대신 바닥이 늘 축축할 정도로 비가 자주 옵니다.

모든 과수도 마찬가지입니다. 봄에 생명이 움트고 싹이 올라오고 꽃이 피기 전에는 모든 게 물입니다. 터키나 이탈리아에 가면 우스갯소리로 이런 말이 농업인들에게 전해진답니다. 봄에 태풍이 와서 비바람이 몰아치면 그해에는 풍년이 든다고 합니다. 그만큼 물이 중요하다는 겁니다.

2023년 봄, 지난겨울 내내 가물었습니다. 봄에도 비 한 방울 오지 않았습니다. 남부 지역 섬에는 제한급수가 되고 있었고 사수도로 쓰이는 무슨 댐은 말라 바닥을 드러내서 정부 차원에서 어디서 물을 끌고 가네 마네 할 정도였습니다. 이럴 때 자기 과수원에 물을 자주 준 농가는 체리 열매가 열려 있지만 그냥 두고 본 농가들은 열매가 전부 낙과되었습니다.

이런 형태로 냉해는 옵니다. 이런 형태의 자연을 극복하기 위해 관수시설이 필요한 겁니다.

지역에 따라서 영하 5도 이하로 내려간 곳은 어쩔 수 없다고 치더라도 그렇지 않은 농가는 물부족이었을 겁니다.

많은 분들이 문의를 합니다. 점적호스가 좋은지 스프링클러가 좋은지???????

저는 무조건 스프링클러로 하라고 합니다. 어린 나무일 때는 점적도 가능합니다. 하지만 나무가 3년 이상 자라면 뿌리는 3m 이상 옆으로 자라납니다. 모든 뿌리 부분에 골고루 가야 합니다. 그래서 스프링클러를 권합니다.

그리고 호스가 녹기 시작하면 무조건 물을 주세요. 3일 간격으로 한 시간 이상을 관수해 주면 좋습니다. 관수를 할 때도 오후에 해 주시면 더 좋습니다.

물과 관련된 주의사항

체리는 물을 좋아한다고 하니 '어? 정말로?' 하고 의심하시는 분들이 있습니다. 사실은 체리뿐만 아니고 기본적으로 작물들은 물을 좋아합니다.

특히 체리는 11월부터 6월경까지는 우기 비슷하게 비가 자주 오는 지역이 원산지입니다. 그래서인지 특히 물에 민감합니다.

11부터 다음 해 5월까지는 물을 엄청 좋아하고 7~10월까지는 물을 싫어합니다. 아마 싫어하지는 않을 수도 있습니다. 하지만 원산지의 특성이 겨울과 봄에는 비가 자주 오고 여름부터 가을까지는 비가 없는 지역이다 보니 거기 특성에 맞춰서 자라다 이런 형태를 띠지 않았을까 하고 생각합니다.

봄에는 물을 자주 주는 게 좋고 수확 후부터는 물을 덜 먹는 게 체리나무의 특성입니다.

목면시비

앞에서 목면시비를 왜 하는지, 언제 하는지는 모두 언급했으니 여기에서는 다른 이야기를 하려고 합니다.

목면시비는 하루 중 언제 하는 게 좋습니까? 노약과 영양제도 그렇지만 하루 중 언제 시비를 해야 효과를 제대로 발휘하느냐 하는 겁니다.

목면시비는 무조건 저녁에 해야 합니다. 오후에 바람이 약간 불더라도 무조건 오후 늦게 하십시오. 그래야 목면시비라는 취지도 살릴 수 있고 밤사이에 양분 흡수 능력도 올라갑니다.

모든 작물은 마찬가지입니다. 영양제나 비료를 줄 때는 몇 가지 양분을 빼놓고는 전부 저녁에 주는 게 좋습니다.

균제도 마찬가지입니다. 균을 죽이기 위해서는 무조건 저녁에 하시면 효과를 더 높일 수 있습니다.

충을 잡을 때는 섭식해충은 아침이 좋고 흡식해충은 저녁이 좋습니다. 약해 나는 약재 중 균제는 아침이 좋고 혼용으로 살포 시에는 저녁이 좋습니다.

목면시비를 할 때는 꼭 저녁에 하시는 게 흡수율을 높이고 효과를 볼 수 있다고 생각하시고 저녁에 하십시오.

그리고 개화 전에 목면시비는 2회를 마무리 지어야 합니다. 개화 중에는 아무것도 하지 마시고 물만 주세요. 개화 중에 주는 물과 낙화 후에 주는 물이 엄청 중요합니다. 물의 양을 이때만큼은 잘 지켜 주셔야 합니다. 이틀에 한 시간 간격으로만 주세요.

개화 중에 벌이 없어요

체리 수정은 작은 벌일수록 잘합니다. 작은 벌레일수록 잘합니다. 꿀벌과 수정벌만이 수정을 시키는 게 아니고 작은 날파리들도 수정을 시킵니다. 머리뿔가위벌이 있으면 좋으나 이게 없을 시에는 어떤 날파리라도 하루살이라도 불러들이면 체리는 수정이 잘됩니다. 그래서 저는 체리꽃이 피고 벌이 안 보이면 체리 밭 군데군데 짬밥을 가져다 놓으라고 합니다. 그렇게 해서 체리를 잘 수확하는 농가를 많이 봤습니다.

수정벌이나 꿀벌을 가져다 놓아도 날씨가 조금만 추워도 움직이지 않습니다. 그래서 궁여지책으로 짬밥을 몇 군데 가져다 놓으니 수정이 잘되더군요. 벌통을 가져다 놓는 것도 좋습니다. 하지만 체리는 꽃이 다 지고 나서야 벌들이 움직이는 경우가 흔합니다. 그래서 저는 짬밥을 이용합니다. 짬밥을 가져다 놓을 때 밑에 비닐이나 스티로폴을 까시면 더 좋습니다.

개화 중에 주의사항

개화 전 목면시비를 하면서 1차 다이센M과 2차 델란을 했으면 개화 중에는 어떤 약이든 하지 마시길 권해 드립니다. 개화 중에는 어떤 약을 하든 작물에 좋은 역할보다는 해를 끼치는 역할을 더 많이 할 수 있고 수정에 악영향을 줄 수 있습니다.

다른 병으로 인해서 오는 거는 열매를 보면서도 회복시킬 수 있으나 개화 시 농약으로 인해 피해는 절대 회복이 안 되니 개화 중에는 어떤 약재도 권하지 않는 것이 모든 과수재배의 기본으로 되어 있다는 것을 참고해 주셨으면 좋겠습니다.

열매가 콩알만큼 크면

이때부터 인산가리를 해 주시면 좋습니다. 품종에 따라서 또는 연수에 따라서 하시는 좋습니다.

품종에 따라서 인산가리를 해야 하는 경우는 직립형 품종이나 반 개장성 품종은 천 배의 인산가리로도 효과를 충분히 볼 수 있으니 천 배만 하셔도 충분합니다. 하지만 펜트형의 체리인 버건디펄이나 애보니펄은 천 배보다는 더 진하게 오백 배의 인산가리를 사용하시는 게 좋습니다. 횟수는 일주일 간격으로 2~3회 정도는 해 주셔야 좋습니다. 모든 농약과 혼용도 가능하니 혼용하셔도 무방합니다.

5~6년 미만 된 나무는 이 시기에 신초자람이 왕성합니다. 특히 펜던

트형의 품종은 더욱 왕성함을 볼 수 있습니다. 그러므로 5~6년 미만 된 나무는 오백 배로 희석해서 살포하시고 그 이상 된 나무는 천 배로 혼용하셔도 큰 문제없으니 혼용살포하셔도 좋습니다.

 기세라 대목을 사용해서 식재된 농장은 안 하셔도 됩니다. 원래 왜성 대목에는 사용하지 않아도 잘 열립니다. 크림슨 대목이나 콜트 대목일 때 사용하시고 콜트 대목일 경우는 1~2회를 더하셔도 무방합니다.

열매가 콩알만큼 자라고 신초가 20㎝ 자랐습니다

 체리는 이때부터 낙과가 시작합니다. 질소질이 많으면 이때부터 무조건 낙과를 시작합니다. 순집기를 많이 한 나무는 이때부터 낙과를 시작합니다. 안쪽이 우거진 나무는 이때부터 낙과를 시작합니다.

 이때가 되기 전에 비료나 퇴비를 주셨으면 무조건 낙과를 시작합니다. 그래서 저는 이때가 되면 질산칼슘을 줍니다. 아무 나무나 안 줍니다. 많이 열렸다고 해서 무조건 주지 않습니다. 신초가 10㎝ 미만으로 자란 나무 위주로 줍니다. 잘 자라는 나무 중 한쪽가지만 안 자라고 있으면 그쪽가지 아래 부분에만 줍니다.

 그리고 그 가지를 절단 전정해 줍니다. 잘 자라는 가지는 비료도 주지 않고 안 자라는 나무나 가지에만 주고 절단 전정을 실시합니다. 체리는 너무 많이 열리거나 너무 가는 가지는 열매가 작아지면서 신초 자람이 억제되어 버립니다.

 7~8년이 넘은 나무는 이런 가지가 있으면 과감하게 잘라내어 버리지만 그 이전에는 절단 전정을 해서 반발을 해 줍니다. 어린 나무라도

다른 가지에 열매가 많으면 신초가 자라지 않은 가지는 잘라내는 게 맞기는 합니다.

우리나라 대부분 농가들은 아까워서 안 자른다고 해서 이 부분을 적어 드리니 참고하시되 저는 잘라내는 걸 권해 드립니다.

열매가 손톱크기 됩니다

이때부터 체리는 수확기를 대배해야 합니다. 인산가리를 하면서 무조건 염화칼슘을 2~3회 해 주시면 좋습니다. 이때는 염화칼슘 비율을 500L의 물에 1.5kg까지도 가능하나 저는 1kg만 사용합니다. 농약도 이제는 살균제 위주로 합니다.

염화칼슘이 없으시면 규산을 살포합니다. sio3 규산으로 2회 정도는 의무적으로 합니다. 만약 칼슘과 규산을 혼용살포하실 거면 무조건 1:1(규산과 칼슘)로 하셔야 합니다. 칼슘량을 줄여서 같은 천 배로 하셔야 한다는 이야기입니다. 수확기가 다가오는 3회차에는 규산 1:칼슘 2의 비율을 해 주셔도 됩니다.

열과에 대비하자

앞의 내용은 열과에 대비하는 가장 기본이 되는 방법입니다. 비가 오든 안 오든 무조건 규산은 2회 염화칼슘은 3회 이상을 하셔야 합니다. 하지만 KGB 수형이나 수집기를 계속해서 결과지가 없는 품종은 이렇게 해도 소용이 별로 없습니다.

열과는 언제 잘될까요. 열매를 맺기 시작하면 첫해, 두 해는 무조건 열과가 잘됩니다. 그 이후 결과지에 열매가 맺기 시작하면 열과는 현저하게 줄어듭니다.

하지만 결과지에 열리지 않은 품종군(브룩스, 라핀, 레이니어, 코랄샴페인 등)은 열과에 엄청 약하므로 최소한의 비 가림이나 하우스에서 재배를 하셔야 합니다. 단 그런 품종특성을 가진 품종 중에도 첼란 겔스톤 겔프리 등은 여과에 강한 면이 있으니 노지에서도 앞 단계의 방제법만 지켜도 재배는 가능하리라고 봅니다.

다른 형태의 체리 품종들을 순집기해서 키우시는 분들은 무조건 열과가 잘되니 최소 비 가림으로 대처하거나 하우스로 들어가야 좋습니다.

결과지에 열매를 열리는 특성을 가진 품종은 결과지에 열리기 시작하면 열과율은 현저하게 줄어듭니다. 2023년 3일 동안 비를 맞고 열과가 되지 않았던 품종은 조생종으로는 첼란과 겔스톤뿐이었습니다. 체리는 언제 비를 맞느냐에 따라 열과율이 다릅니다. 어린 열매나 열매가 푸른색을 가지고 있을 때는 열과에 크게 신경 쓰지 않으셔도 됩니다.

단지 색이 붉은색이나 검은색으로 변해 갈 때 오는 비가 문제이지 그전에 오는 비는 쉽게 열과가 되지 않습니다. 그러므로 2023년도에 열과는 조생종 결과물을 말해야지 중생종과 만생종이 열과가 안 되었다고 말하면 안 됩니다. 당연히 조생종 때는 비가 3일 왔으니 조생품종만 이야기해야 맞는 거고 중생과 만생종 때는 잠깐씩 내리는 비였으니 열과가 안 될 수밖에 없습니다. 그렇게 따지면 우리 밭에는 브룩스와 타이톤 빼고는 열과가 일도 없다고 해야 맞는 겁니다.

체리의 열과는 어느 품종이냐도 중하지만 어느 때에 비를 맞느냐가 더 중요합니다. 만약 색이 변해 갈 때 비가 오면 저는 외출을 안 하고 집에 있습니다. 비가 그치고 한 시간 이내에 무조건 SS기를 송풍으로만 놓고 체리 밭을 돌아다닙니다. SS기가 없으면 브로워를 이용하셔도 좋습니다.

열매에 맺혀 있는 빗방울을 털어 내십시오. 열과 방지에서 규산과 이 방식이 가장 중요합니다. 이 두 가지 방식을 의무적으로 하십시오.

새 좀 잡아 주세요

새가 가장 좋아하는 체리는 극조생종입니다. 그리고 체리가 열리기 시작하는 첫해와 두 해째입니다. 그 외에는 기본적인 형식만 갖춰지면 큰 문제없이 열린 체리는 거의 수확 가능합니다.

　저는 이 두 가지를 사용하면서 새에 대해서는 잊고 체리 재배를 합니다. 사용하실 때 효과를 볼 수 있는 설치 방법이 따로 있습니다.
　먼저 버드엑스는 20만 원 정도 합니다. 하나는 밭을 향해 설치하시면 됩니다. 다른 하나는 주변에 산이나 숲이 있으면 무조건 그쪽을 향해서 하나는 설치하셔야 합니다. 내 밭이 중요한 게 아니고 주변에 숲이나 나무가 있으면 그쪽으로 무조건 설치해야 새가 덜 옵니다. 내 밭쪽에 해 놓으면 거기에 쉬었다가 무조건 들어옵니다.
　두 번째는 닥터배트입니다. 짜서 걸어놓는 방식입니다. 이 제품은 하늘에서 보여야 합니다. 나무속이나 가지 안쪽에 설치하면 아무 소용 없습니다. 무조건 하늘에서 보이는 곳에 걸어야 합니다. 나무와 나무 사이 또는 골과 골 사이 하늘이 보이는 곳에 설치하십시오.
　하늘에서 보이지 않으면 새들이 그냥 들어옵니다. 이 두 가지 제품은 효과는 좋은데 사용 방법을 몰라서 효과를 못 보는 경우가 허다합니다.

제품 구입은 다음을 참고해 주세요.

버드엑스: 인터넷 또는 02-701-7010 (단비)

닥터배트: 인터넷 또는 053-593-7191 (전진바이오팜)

어떤 제품도 제가 판매하는 게 아니니 저에게 제품 판매를 물어보지 않았으면 좋겠습니다.

열과는 없는데 회성병(잿빛곰팡이병)이 심해요

앞의 병증은 무른 품종과 너무 많이 열리는 품종에서 잘 옵니다. 라핀처럼 한 화속에서 열매가 4개 이상씩 달리는 품종은 위 병증에 취약합니다. 또한 서미트처럼 부드러운

사진: 다음 카페 인용

품종도 잘 옵니다. 중국에서 건너온 사밀두는 제가 키워 보지 않아서 잘 모릅니다.

일단 너무 많이 열리면 오고 나무가 너무 복잡하면 오고 토양이 너무 습하면 잘 옵니다.

수확 전에 한 번 정도 비를 맞으면 오는 품종들은 가급적이면 식재를 권하지 않습니다. (라핀, 서미트 등)

예방으로는 적용약제가 좋습니다만 사진과 같은 색상이 나올 때는 수확기라 약제 살포를 함부로 할 수가 없습니다.

제가 사용하는 방법은 이산화 염소수를 활용합니다. 미국 fda에서 상수도 소독용으로 허가받은 이 제품을 이용하여 수확기 때 살균제 대용으로 활용합니다. 2~3일 이내에 2회를 살포하여 더 이상 번지지 않게 합니다.

또 다른 제품으로 친환경 제제를 활용합니다. 공식적으로 등록된 친환경 탄저약이나 곰팡이 잡는 약제를 활용합니다.

보통 황종류를 많이 사용하지만 저는 황제품이 아닌 탄저약을 이용합니다. 집에서 만들어서 사용하시는 분들이 계시던데 저는 집에서 만든 거나 황제품은 사용을 해 보지 않아서 추천을 안 드립니다.

이 제품들은 사용 후 바로 수확이 가능한 제품으로 알고 있고 저는 그렇게 하고 있습니다.

제가 지금까지 체리 재배를 하면서 노린제 피해로 인해서 수확량이 줄어든 경우는 한 번도 없었습니다. 그런 이유로 노린재 피해나 벗초파리 피해는 언급을 안 하는 거니 이해 부탁드립니다. 벗초파리 피해는 없어도 초파리 피해는 있습니다.

초파리 피해가 심합니다

초파리 피해는 온도가 올라가거나 만생종에서 심하게 나타납니다. 남부 지방 기준으로 6월 10일이 넘어가면 위험하고 중부 지방은 6월 18일이 넘어가면 체리에 초파리가 달려듭니다. 중북부 지방은 더 늦어지겠죠.

초파리 피해는 눈으로는 잘 보이지 않습니다. 심해지거나 초파리의 애벌레가 커지면 눈에 보일 정도로 체리도 못 쓰게 되지만 처음 알을 낳거나 길이가 0.5㎜ 이하일 때는 표시가 나지 않습니다. 그래서 체리는 한입에 먹는 과일이고 한입 크기일 때가 좋다는 말을 합니다. 외국에서는 10~12g 내외를 가장 많이 선호하는 이유입니다.

14g 이상으로 넘어가면 체리를 베어 먹어야 하는 수준이므로 만약 안쪽에 초파리의 애벌레가 있다면 난리가 날 겁니다. 그래서 너무 키우는 것보다 적당한 게 좋다고 합니다.

하지만 우리나라 소비자나 경매장에서는 크고 굵어야 금액을 잘 쳐주니 농업인들 입장에서는 굵게 키울 수밖에 없습니다. 외국도 이 방법을 활용합니다.

6월 15일이 넘어가서 수확하는 체리는 의무적으로 이 처리를 합니다. 저도 이 처리를 합니다. 혹여 있을 수 있는 불상사를 예방하고자 처리합니다.

300L의 물에 bbt 500g용 한 알, 염화칼슘 1kg을 녹입니다. 거기에다 수확한 체리를 3분 정도 담급니다. 이후에 꺼내서 맑은 물로 헹구고 물기가 빠지면 포장합니다.

혼용한 물은 하루 12시간만 저는 사용합니다. 내일 다시 물을 받아서 만듭니다.

이렇게 하면 혹시 안에 들어 있을 초파리의 애벌레는 모두 기어 나와 죽습니다. 그리고 나온 자리를 찾아볼 수가 없습니다. 이 방법은 외국에서도 사용하는 방법이니 참고하시면 좋을 겁니다.

당도를 높여라

잘사는 지인이 있습니다. 그분이 늘 우리 체리를 구입해서 드시는데 작년부터 하시는 말씀이 있습니다.

"그동안 이야기는 안 했는데 수입산보다는 확실히 맛이 없었어. 근데 작년부터 더 맛있어지고 풍미가 살아난 이유가 뭔가?"

저는 그저 "이제 체리 재배에 눈을 떠서 그런 거 같습니다." 하고 둘러댔습니다.

제가 먹어 봐도 예년의 체리에 비해서 맛과 향이 좋아진 게 확연히 느껴집니다.

당은 누가 어떻게 만들까요? 당은 잎에서 마그네슘과 기타 양분들이 광합성을 해서 포도당을 만듭니다. 이 포도당은 잎줄기를 통해서 나무의 줄기 나무의 뿌리 등으로 옮겨집니다. 이때는 설탕으로 변환되어서 저장됩니다. 설탕으로 변환되는 원리는 인산 효소사 포당을 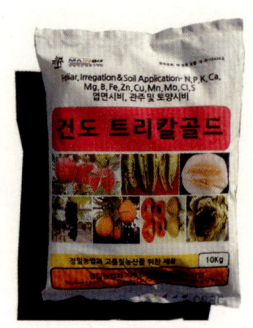 설탕으로 변환 시켜 줘서 포도당이 설탕으로 변환되어 줄기나 뿌리 부분으로 이동하여 저장됩니다.

저장된 설탕을 열매로 보내야 하는데 이때도 인산효소가 관여를 합니다. 포도당을 설탕으로 변환하는 효소가 인산효소였다면 설탕을 과일로 가져올 때는 3인산 효소가 당을 끌고 오는 역할을 합니다.

몇 년 전에 이런 제품도 있었습니다. 당을 잎에서 열매로…. 사과나 다른 과수는 수확 한 달 전쯤에 7일 간격으로 2회, 체리는 수확 20전에 7일 간격으로 2회, 이렇게 하시면 당도는 4~5bix 정도 높아집니다. 당이 높아지면 당연히 풍미도 같이 높아집니다.

요즘에는 3인산 효소를 만드시는 분이 있다는데 아직 제품은 못 봤습니다. 3인산 효소가 나온다면 바로 응용해 볼 생각입니다. 이 방법을 응용하여 숙기도 열흘 이상 당길 수 있습니다.

질소를 빼는 방법에 당을 올리는 방법을 혼용해서 사용합니다. 기준은 500L의 물입니다. sio3 오르토 규산 500㎖, 칼슘제 1kg, 트리칼 골드 500g, 즉 규산과 칼슘 3인산의 비율을 1:2:1로 해서 수확기 한 달 전쯤에 2회를 시용하면 수확기도 열흘 이상 당겨집니다. 크기나 맛에서 변화는 없습니다. 맛이나 당도는 더 좋아지고요. 응용해 보시면 좋은 결과 있을 겁니다.

주의사항

수확기를 당기지 않고 그냥 그대로 수확하면서 당도만 올리고자 하신다면 칼슘을 500g으로 줄이든지 넣지 않아야 합니다. 칼슘이 많아지면 질소를 빼내는 속도가 강해서 숙기가 당겨집니다. 그러므로 제 날짜에 수확하고 당만 올릴 목적이면 칼슘을 줄이거나 넣지 않는 게 좋습니다.

초파리가 없어졌어요

외국에서도 초파리는 엄청 위험한 존재입니다. 특히 체리의 열매에 직접 가해하는 존재로 몇 가지 약이 존재합니다.

사실 초파리를 가장 잘 잡는 농약은 스피노 사드입니다. 하지만 잔류 기간이 길고 등록된 작물이 많지 않아서 체리에 직접 사용할 수는 없습니다.

미국이나 칠레에서 초파리 약제로 가장 많이 사용되는 약제는 스피노사드(스피노신 A 및 스피노신 D): 0.02%, 증점제, 습윤제, 계면활성제, 미끼, 유인제, 방부제 및 용제(물), 99.98 gf120이라는 제품입니다.

이 제품은 체리 열매에 직접 살포하는 게 아니고 수확이 끝난 체리나무 목대에 페인트처럼 바르는 겁니다. 국내에서는 수입이 금지된 제품이라 구입하기가 어려워 저는 만들어서 사용합니다.

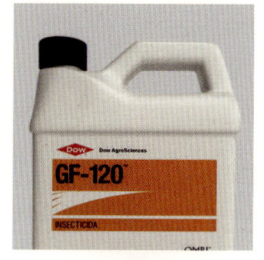

효과는 사용해 보시면 아실 겁니다. 저는 포도 효소도 사용해 보고 여러 가지를 사용해 봤으나 이 제품이 가장 좋았습니다.

카페라떼로 기억되는 설레임인데 사진은 카카오네요. 여튼간에 이 제품을 녹여서 여기에

스프노 사드를 0.05% 즉 한 방울 떨어트리고 나무에 붓으로 발라 줍니다. 서너 나무 건너서 한 번씩 발라 줍니다. 그 이후에는 확실히 초

파리가 없어졌습니다.

gf120은 5L 한 병에 50만 원입니다. 효과도 좋지만 워낙 비싼 금액이라 추천하기가 어렵습니다.

체리 수확 후

체리는 수확해서 가지고 들어오면 의무적으로 해야 하는 게 있습니다. 조생이나 중생종은 초파리 피해가 없으니 위에 소개한 방법을 사용하지 않는다고 해도 무조건 찬물에 담가야 합니다. 찬물에 담구지 않고 바로 저장고에 들어가면 꼭지의 과경이 금방 말라 버립니다.

단 흑자색 체리는 무조건 찬물에 담가서 2~3분을 둔 후에 물기를 빼면 되지만 일본종 품종은 절대로 물에 담구면 안 됩니다. 물뿐만이 아니고 일본종 품종은 저장고에도 넣으면 안 됩니다. 상온 유통해야 되는 품종이니 참고해 주세요.

물이 차가우면 차가울수록 좋습니까?

아닙니다!

물의 온도는 10도 내외가 가장 좋고 저장고의 온도도 10도 내외가 좋고 유통은 상온 유통이 좋습니다.

우리나라에서 체리를 가장 많이 판매하는 곳이 길거의 트럭입니다. 그 트럭에는 냉장 유통 시설이 없습니다. 늘 상온에서 유통됩니다. 체리는 원래 실온 유통 과일입니다. 일본에서 미국에서도 실온 유통을 합니다. 단지 비행기로 수입할 때는 냉장 시설로 들어옵니다. 단 수확 후에 차가운 물에는 무조건 들어가야 좋습니다.

외국에서는 조생이나 중생종을 수확해도 염화칼슘 물에 넣습니다. 국내에서는 염화칼슘 물에는 못 넣더라도 차가운 물에는 꼭 넣으십시오. 유통 기간이 길어집니다.

어떻게 수확하나요?

체리는 수확하는 방법이 무척 쉽습니다. 잡아당기지 않고 밀어서 수확한다고 생각하시면 됩니다. 즉 열려 있는 체리의 가지 부분으로 밀면 쉽게 수확됩니다. 처음에는 손에 익지 않아서 혼자 수확해야 하루에 100kg 정도이지만 3~4일 지나고 나면 200~300kg은 너끈합니다.

단 품종에 따라 차이는 있습니다. 과경이 긴 것은 수확하기 쉽습니다. 즉 버건디펄이나 애보니펄은 하루에 200kg을 수확한다고 가정하면 라핀이나 타이톤은 하루에 100kg도 어렵습니다.

상품성이 좋은 품종을 심으세요

상품성이 좋다는 말은 수확한 체리 열매 중 판매할 수 있는 품종을 말합니다. 이 기준은 적뢰적과 없이 그냥 재배한 것을 기준으로 이야기하는 거니 오해 없으셨으면 좋겠습니다. 그리고 제가 재배하면서 격은 기준이지 어디 문서에 나온 이야기는 아닙니다.

지금까지 재배를 하면서 상품성이 가장 안 좋았던 품종은 타이톤입니다. 판매해서 돈이 되는 물건이 50%를 넘지 않습니다. 수확을 해 보면 배꼽이 갈라지거나 자기네들끼리 엉켜서 한쪽이 들어갔거나 등등 판매하려고 보면 50% 이상이 비품입니다. 그래서 돈이 안 되는 품종입니다. 적뢰와 적과를 하면 좀 더 나은 상품성이 나올 수 있지만 그렇지 않은 상품성이 거의 없다고 보시면 될 겁니다.

두 번째로 상품성이 떨어지는 품종은 라핀입니다. 너무 많이 달려서 잔병이 많고 배면 부분에 열린 열매는 8g 미만으로 작아서 맛이 없습니다. 흑자색 체리는 8g 미만으로 가면 무조건 맛이 없습니다.

세 번째는 서미트입니다. 너무 무릅니다. 이 품종은 중국에서 건너 온 사밀두가 아니고 미국의 진품 서미트를 말합니다.

기타 제품군으로는 얼리블랏, 크리스티나, 조대과 애리카 등도 상품성은 별로 없습니다.

그리고 노란색 체리는 체험이나 현장 판매를 목적으로 해야 되는 품종이므로 여기에서 배제했습니다.

상품성이 좋은 품종은 애보니펄과 버건디펄을 따라갈 만한 품종은 없습니다.

이어서 첼란과 반(겔프리)도 상품성은 좋습니다. 단 첼란은 당도 면에서는 좀 떨어지니 감안하셔야 합니다. 그리고 반(겔프리)의 크기는

9~10g 정도로 크지 않습니다. 겔노트도 비만 안 오면 상품성이 뛰어납니다. (열과에 좀 약함. 그렇다고 브룩스만큼은 아닙니다)

겔프로는 아직도 검증 중이라 상품성은 논하지 않겠습니다.

감사비료는 무얼 말하나요?

감사비료란 고토(마그네슘)을 말합니다. 수확 후에 고생했다고 주는 사람으로 치면 아기 낳고 먹는 미역국이다 생각하시면 됩니다.

수확 후에 고토비료와 포리옥신(체리미등록)을 혼용해서 한 번 이상은 꼭 해 주는 게 좋습니다. 이때 질소질 비료를 주면 좋은지를 물어보시는 분들이 많은데 절대 안 좋습니다. 체리는 3차 성장까지 합니다. 열매도 없는 체리는 질소질을 주면 도장지만 더 잘라고 아래 화속은 털리는 현상이 옵니다.

오른쪽 사진의 아래 부분의 잎이 말라가는 현상이 흔히 자식현상이라는 말로 통용되는 눈털림 현상입니다. 비만 맞아도 잘 자라는 나무에 질소질을 주면 저런 현상이 더 빨리옵니다. 그냥 고토 비료에 포리옥신(체리에 등록된 약제가 아님)을 혼용해서 1회 살포하고 끝냅니다.

수확 후에 여름 전정은

수확 후에 여름 전정은 내년의 열매를 위해서 합니다. 내년에 열매를 따기 싫으시면 하지 않아도 됩니다. 한국 기후는 7월부터 잦은 비로 인해서 3차 성장까지 합니다. 그래서 금방 우거져 버립니다.

체리나 다른 과수도 마찬가지로 우거지면 위험합니다. 그래도 다른 과수는 열매라도 달고 있지만 체리는 일찍 수확하는 관계로 열매도 없이 나무만 자랍니다.

1년 차에는 굳이 하지 않아도 됩니다. 2년 차부터는 품종에 따라서 여름 전정을 달리해야 합니다.

직립형의 품종들(브룩스, 겔스톤, 라핀, 레이니어, 첼란 등)처럼 질립형의 체리들은 직립가지가 많으면 톱으로 가지를 솎아서 4~5가지 정도만 남기는 게 좋습니다. 그러면서 나온 가지의 달발 전정을 해서 꼭대기 부분에 한두 가지만 남기고 여름 전정에서 자르시는 게 눈털림을 예방할 수 있으니 참고하십시오.

펜던트형의 품종(애보니펄, 버건디펄, 겔프로)들은 결과지가 2년 차부터 좀 더 나오기 시작하고 3년 차에는 어마무시한 결과지가 나옵니다. 2년 차부터 안쪽으로 나오는 결과지를 60%정도 잘라낸다 생각하시고 부주지에 바짝 잘라내는 게 좋습니다. 3년 차에는 더 많이 나와서 우거지니 이시기에 안쪽으로 나는 결과지를 솎아 주셔야 내년에 열매를 잘 달고 갑니다. 그만큼 체리는 햇빛과 통풍이 내년 열매에 중요하다는 것을 알려 드립니다.

만약 여러 가지를 만들어서 KGB 형태로 펜던트형의 품종을 키우신다면 이때부터 2~4가지만 두고 나머지는 톱으로 잘라내십시오. 위쪽 끝부분에 닭발이 본인의 검지 두께보다 더 두꺼워 지면 하나만 남기고 나머지는 잘라 버리십시오.

6년 차가 넘으면 잔가지를 솎기보다는 굵은 가지를 솎아 내십시오. 굵은 가지 하나만 빼내서도 안쪽이 환해집니다. 6년 차 이상에서 이런 전정을 했다면 겨울 전정은 간단하게 닭발 위주의 전정만 하시고 나머지는 안 하셔도 무방합니다.

닭발이란

왼쪽 사진처럼 꼭대기 부분에서 여러 가지로 갈라지는 가지를 말하는 것으로 체리분 야에서 통용되는 언어입니다.

원래는 여러 개의 가지가 갈라지는 분지라고도 하고 단축 분지라고도 합니다만 체리 계통에선 닭발이라고 통용되는 점을 알아주십시오.

여름에도 방제를 해야 하나요?

저는 잘하지 않습니다. 정 심하면 한 번 정도 합니다.

이 정도의 피해가 과원 곳곳이나 체리 대목 흡지에서 보이면 일주일 정도 후에 살충제와 포리옥신을 같이 살포합니다.

미국 선녀벌레는 1령기보다 2령기 때 가장 잘 죽습니다. 그래서 사진처럼 체리 아래 흡지(체리 대목에서 올라오는 어린 대목)에서 보이면 일주일 정도 지나서 선녀벌레에 가장 잘 듣는다는 살충제를 살포합니다.

방제 시 ss기의 속도는 얼마 정도입니까

열매가 열리지 않았거나 어린 나무들은 1년에 2~3회 정도만 약을 합니다.

ss기계를 사과 소독 시 저속 2단이라면 저속 3단에 놓거나 고속 1단에 놓고 사과보다 빠른 속도로 달려갑니다. 7년생이 넘어가면 저속 3단에 놓고 하거나 더 빠르게 달려도 크게 문제는 없을 정도로 저는 빨리 다닙니다. 그래도 큰 문제는 없었습니다.

여름에 응애약을 해야 하나요?

아닙니다. 노지 체리 재배에서는 응애가 거의 없습니다. 단 하우스나 비 가림에는 응애가 있으니 방제를 해야 합니다. 노지에서 하지 않은 게 나무에는 더 이득입니다. 응애약도 약해가 잘 옵니다. 그러면 하우스 응애는 어떻게 잡아야 할까요?

응애 잡는 요령

많은 농가에서 과수 농사를 지으면서 응애 때문에 애를 타는 경우를 많이 봅니다. 일단 우리 과원에서 응애 잡는 방법은 이렇게 합니다.

사과나 체리 밭에 첫 꽃 피는 시기에 응애를 잡습니다. 즉 목면시비 2회 때나 3회 즉 개화 직전에 응애약을 넣습니다. 거의 모든 응애는 토양 속에서 동면을 하고 개화와 동시에 아님 바로 직전에 토양에서 올라옵니다. 이때 응애약을 한 번만 해 주어도 1년 동안 응애는 거의 볼 수 없습니다.

많은 분들이 응애의 피해가 눈에 보이면 그때서야 응애약을 하려고 하니 약값만 많이 들어갑니다.

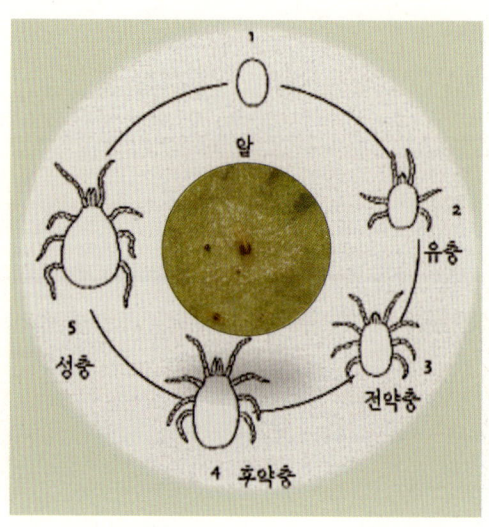

    응애는 알의 형태로 월동을 합니다. 기온이 9도가 넘어가면 부화가 시작해서 활동하기 시작합니다. 개화 직전에 잡아야 한다는 표현은 좌측 그림에서 보듯이 유충으로 나무에 기어오를 때 잡아야 잘 잡힌다는 말입니다.

    좋은 약은 작용기작 10번으로(주움, 붐, 등) 이런 형태의 약은 성충에는 큰 효과를 못 내지만 유충에는 탁월한 효과를 나타내는 농약으로 개화 직전에 하는 응애약으로 최고입니다. 사과농가에서는 싹이 보이기 시작하면 바로 가성 소다를 500L 물에 2.5kg을 넣어서 친환경 예방을 하시는 분들이 있으니 참고하시면 좋을 겁니다.

    이렇듯 응애는 무조건 개화 직전에 잡아야 효과도 좋고 응애로 고생을 안 합니다. 눈에 보이는 걸 잡으려면 몇 번을 해야 하고 전부 잡을 수가 없습니다. 응애는 내성이 워낙 잘 생기고 1년에 10세대 교체가 일어나는 곤충입니다. 보니 눈에 보인 다음에 잡으려면 쉽지 않습니다. 개화 직전에 잡아서 편한 농사 되길 바랍니다.

살충제 잘 사용하는 방법

4~5월 사용하는 살충제는 작용기작 7번, 15번, 16번을 사용하는 게 좋습니다. 가격도 저렴하지만 초기에 잘 죽이는 살충제입니다. 즉 어린 곤충에 잘 듣는다고 보시면 됩니다. 대신 성장한 곤충에는 잘 듣지 않습니다. 그러므로 4월 초기 살충제로는 무조건 7, 15, 16번을 사용하시면 좋습니다. 응애류는 앞서 언급했듯이 10번이 좋습니다.

우리나라에 등록된 살충제 중에 친환경 재배에 사용해도 되는 생물농약도 있습니다. 곰팡이 중에 바실러스 튜리겐시스(Bacillus Thuringiensis) 줄임말로 BT균이라고도 합니다. 이걸로 만든 BT 제품은 친환경에도 사용가능한 생물농약입니다. 살충효과가 뛰어납니다. 나방류와 진딧물에도 효과가 좋다고 알고 있습니다.

작용기작은 11번입니다.

만약 수확 중간에나 수확기에 살충제를 해야 하는 경우에 사용하십시오.

살균제 잘 사용하는 방법

3~5월에 하는 1, 2, 3번 살균제는 봄에 사용하면 좋은 살균제입니다. 또한 카의 작용기작을 가진 살균제도 좋습니다. 더군다나 카의 작용기작을 가진 살균제는 연속으로 사용해도 내성이 생기지 않은 특성이 있으니 참고하여 사용하십시오.

카의 작용기작 살균제는 다이센M, 톱신M, 캡탄, 안트라콜, 델란 등으로 병균이 오기 전에 예방하거나 균이 눈에 보이지 않을 때 균을 잡는 역할을 합니다. 만약 방제가 늦어서 병균이 눈에 보인다면 유제를 사용하십시오.

유제가 없으시면 무조건 전착제를 혼용해서 살포하십시오.

균제의 특성상 보호제로 되어 있는 차나 카의 작용기작을 가진 농약은 작물이나 과일의 표면에 붙어 있을 때 작용하는 게 쉽지만 만약 균이 눈에 보인다면 침투성을 가진 약제를 쓰는 게 좋고 거기에 전착제를 써야 균의 내부까지 침투가 용이해서 잘 죽입니다. 현재 시판되는 침투성 약제 중 90% 이상이 균의 내부로 침투해서 균을 죽이게 되어 있지만 자기 혼자 침투하는 것보다 기름 성분이 있으면 침투 능력이 향상됩니다.

초기에는 작물이나 과일의 겉면에 붙어 있거나 못 오게 하는 차나 카의 작용기작을 가진 농약을 중기 이후에는 침투성이 좋은 농약을 쓰는 게 이득입니다.

곰팡이류의 병을 잡을 때는

여러분들이 알고 있는 균류에 의한 병은 거의 곰팡이성 병이 많습니다. 탄저병부터 잿빛곰팡이 등 많은 균류의 병이 곰팡이성 병입니다. 세균성 병이나 바이러스성 병은 특별한 작물에 특별한 병이라고 보시고 보통은 균류의 병이 가장 많다고 보시면 될 겁니다.

그중에 가장 대표적인 게 탄저병입니다. 몇몇 논문에서 가끔은 언급되지만 아직 본격적으로 언급은 되지 않은 저만의 방법으로 탄저병이나 곰팡이류를 예방하는데 그 방법을 알려 드리겠습니다.

이 방법은 '자두에는 탄저병이 왜 없지?'라는 물음에서 출발합니다.

홍로에는 탄저병이 더 많고 후지에는 더 약하게 옵니다. 즉 과일이 신맛을 가지고 있으면 모든 과일은 탄저병에 강하더라는 거죠.

산미가 4.3 이상 정도로 신맛이 나면 탄저균의 활동이 현저하게 떨어진다는 논문을 봤습니다. 그 후속 논문은 없어서 제 나름대로 적용을 해 봤습니다.

5~6월에 농약을 할 때마다 무조건 초산칼슘 한 번, 구연산 한을 번갈아서 사용합니다. 즉 개화 후에 방제를 할 때마다 두 가지를 번갈아가면서 넣는다는 겁니다.

체리에도 5월에는 무조건 적용합니다. 6월에는 수확기라 적용하기 힘들지만 농약을 안 하고 영양제만 줄때도 적용합니다. 회성병은 확실히 덜합니다.

사과에는 무조건 적용합니다. 모든 과일이나 작물에 적용하십시오. 응애 부분에서 이야기했듯이 응애는 개화 직전에 올라오고 탄저는 5

월에 날아와서 작물이나 과일에 붙습니다. 그게 과일을 파고 들어가서 여러분 눈에 보이는 게 7~8월인 겁니다.

균은 무조건 5~6월에 잡아야 합니다. 농가분들 중에 5월에만 사과 과원에 한두 번 약을 더 하신 분들이 많습니다. 이분들은 탄저 걱정 안 합니다. 그만큼 5월에 균 방제가 중요합니다. 균은 5월에 전부 날라옵니다. 5월에 작물이나 과일에 붙습니다. 이때 잡아야 잘 죽고 쉽게 잡힙니다. 응애는 개화 직전, 균은 5월, 이걸 기억해 두시면 농사짓는 데 많은 도움이 될 겁니다.

농약의 작용기작이란

농약의 작용기작이란 곤충의 어디에 가서 어떤 형대로 곤충을 죽이느냐를 말합니다.

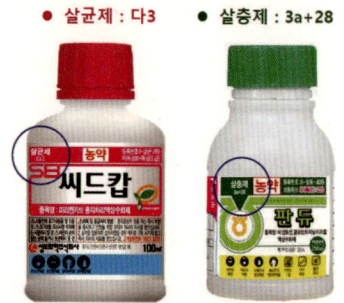

살충제는 1. 2. 3…… 여기에 a. b. c. 등이 붙습니다. 일반 농가에서 뒤에 붙은 a. b. c.는 무시해도 큰 문제 없습니다. 3번 농약을 하고 다음에 또 3번 농약을 하면 이 농약에 즉 3번 농약에 내성이 생겨서 죽지 않는다는 겁니다. 그래서 교차 살포를 해야 된다고 말합니다.

살균제는 가. 나. 다…에 1. 2. 3.이 붙습니다. 이것도 살충제처럼 균의 어디에 들어가 어떻게 죽이느냐를 나타냅니다. 이것도 같은 가번을 쓰면 내성이 생겨서 잘 안 잡히는 것이죠.

제초제도 마찬가지입니다. 제초제는 A. B. C.… 등으로 표시합니다. 제초제도 내성이 많이 생깁니다.

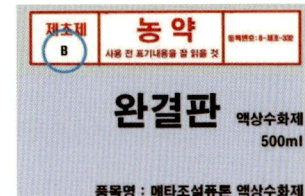

논에 어떤 잡초가 유난히 많이 있으면 거의 제초제 내성에 의한 잡초번식으로 보시는 게 맞을 겁니다. 밭작물도 마찬가지입니다. 밭에 제초제를 어떤 제초제만 계속해서 사용하면 어떤 풀들은 나중에는 죽지 않게 됩니다. 그래서 두 배 이상을 타든지 20L에 나중에는 한 병을 전부 넣은 모습도 보았습니다.

바스타류를 과수원에 가장 많이 사용합니다. 하지만 나중 되면 잘 안 죽는 깨풀 같은 게 자꾸 늘어날 수 있습니다. 이럴 때는 바스타류를 한 번 하고 바로바로를 다음에는 사용합니다.

그리고 다시 바스타 할 땐 바로바로 이런 형태를 반복하시면 잘 죽습니다.

요즘에는 과원에 농약하기 귀찮아서 한 번하는 방향으로 알리온을 혼용살포하는 경우가 많습니다. 묘목 식재 후 봄에 풀이 잘잘하니 올라올 때 바스타류에 알리온을 정량보다 2~3배를 넣고 혼합살포하신다는 분들이 있습니다. 저는 이렇게는 권하지 않습니다. 정량대로 해도 풀 잘 안 납니다.

이렇게 1년에 2회 정도면 1년 동안 과원의 나무 아래에는 거의 풀이

잘 안나니 참고해 보시면 좋을 겁니다. (농약에 등록된 과원에만 살포하세요)

주의사항

알리온 살포 후에 과원에서 나무를 갱신한다거나 혹시 죽은 나무를 교체하시려면 주의해야 하실 게 있습니다. 그냥 교체하신다고 식재하시면 절대 새로 식재한 나무는 자라지가 않습니다.

생석회를 한 삽 넣고 뒤집어 놓은 후 한 달 이상이 경과하거나 바이오차를 반 포 넣고 뒤집어 놓은 후에 식재하셔야 잘 자랍니다. 저는 바이오차를 이용합니다.

갈반에 가장 잘 듣는 농약

갈색무늬병(褐斑病, Marssonia blotch). 이 병의 발생은 분생포자나 자낭포자의 공기전염에 의하며 포자비산은 5월부터 시작되어 10월까지 계속되는데 7월 이후 증가하여 8월에 가장 많은 양이 비산됩니다.

잎에서는 빠르면 6월 중하순에 병징이 나타나기 시작하며 7월 상순경에는 과수원에서 관찰할 수 있습니다.

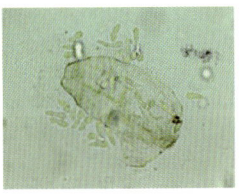

갈색무늬병 이병엽 증상 및 병원균 분생포자

점무늬낙엽병 증상 및 병원균 분생포자

점무늬낙엽병(Alternaria leaf spot). 이 병은 잎, 과실, 가지에 발생합니다. 과실에는 적갈색의 작은 반점이 형성, 점차 진전되면서 중앙부는 회백색으로 변하고, 주위는 적갈색의 테무늬를 형성하나 오래되면 전병반이 회갈색으로 변합니다.

과일에는 과점을 중심으로 갈색 반점이 나타나고, 품종에 따라 다르나 병반 주위가 붉은 색으로 변합니다. 가지에는 피목을 중심으로 원형의 병반이 형성, 갈색으로 변하고 움푹 들어갑니다.

위의 두 가지 병명을 구분하기는 쉽지 않습니다. 그나마 갈반병은 많은 분들이 알고 있는 경우도 있지만 점무늬는 모두가 같은 갈반으로 인식하는 경우가 많아서 자칫하면 방제를 잘못하는 경우가 많습니다. 특히 체리에는 위의 두 가지 병이 같이 오는 경우도 있습니다.

그나마 체리는 열매가 없을 때 주로 나타나지만 사과는 열매에 나타나니 주의를 요하는 병입니다.

저는 이렇게 구분합니다. 갈반은 나무의 아래에서부터 옵니다. 점무늬는 올해자란 신초에서부터 옵니다.

그래서 나무를 보고 아랫잎이 노래지면 갈반이고 위에 도장지나 신초부터 노래지거나 낙엽이 지면 점무늬라고 보시면 무조건 맞습니다. 치료약도 거기에 맞춰서 주시면 됩니다.

발병 요인

갈반병은 습이 많거나 우거지면 잘 옵니다. 점무늬는 질소질이 많거나 그늘진 곳에서 잘 옵니다.

방제

사과에는 등록되어 있으나 체리에는 등록되어 있지 않으니 주의하세요. 다만 이 약제는 방선균으로 만들어진 농약이라 잔류 검사는 안 합니다.

지금까지 사용하면서 갈반에 좋은 약제는 이 약제를 사용해 보고서는 다른 건 안 쳐다봅니다. 갈반병에 사용하시면 좋은 약제입니다. 작물 초기에 잿빛곰팡병에도 잘 듣습니다.

점무늬낙엽병 방제

저는 신초 윗부분에서 낙엽이 지면 포리옥신에 스트로빈 계열의 농약을 혼용합니다. 어느 분들은 옥솔린산 한 가지만으로도 잡기는 했다고 합니다만 저는 점무늬 낙엽병에는 사용하지 않고 썩는 병에만 사용합니다.

일단 포리옥신에 스트로빈 계열(**스트로빈 계열의 농약이 엄청 많습니다. 여러분이 잘아시는 애이플도 스트로빈 계열입니다**)을 혼용하고 여기에 규산을 혼용해서 살포합니다. 이 방법이 저한테는 맞습니다.

규산은 잎을 두껍게 하고 즉 세포벽을 두껍게 하고 내병성을 올려주는 비료로도 알려져 있습니다. 앞부분에 열과 방지 부분에 적어 놓았으니 참고하십시오.

재미있는 농약병 뚜껑의 세계

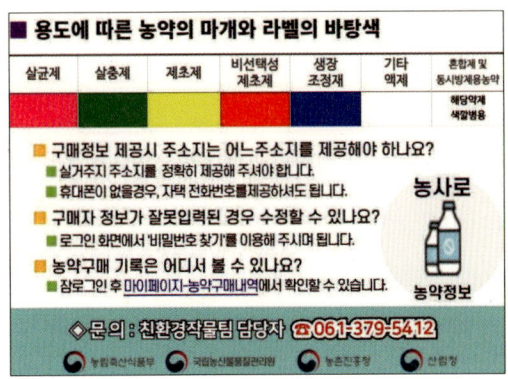

8월에 이것은 하고 갑시다

8월 중순경에는 붕사비료를 바닥에 주는 게 좋습니다. 300평에 1kg을 바닥에 주는 게 좋습니다. 이 비료는 미량으로 사용하는 비료이므로 너무 많이 주면 과잉증상이 잘 나타납니다. (앞의 붕소비료 부분 참고)

8월의 기온이 쌍자과를 만듭니다

8월의 기후가 덥고 습한 기온이면 내년에 쌍자과 발생이 많다고 합니다. 특히 32도 이상의 기온이 오르고 습한 기후가 계속되는 우리나라에서는 쌍자과 발생이 유독 많습니다.

품종에 따라 더욱 심하게 나타납니다. 제가 본 경험으로는 과경이 짧은 것일수록 쌍자과 비율이 높아지더군요.

과경이 짧은 타이톤의 경우는 많게는 90% 이상이 쌍자과로 나타나는 경우도 봤습니다. 조금 덜 더운 해나 습하지 않은 조건에서는 평균적으로 20~30% 정도 생기고 하우스처럼 비를 덜 맞은 곳에서는 덜 생기는 걸로 봐서는 온도와 습도의 상관관계로 인해서 생기지 않나 생각합니다.

여름 가뭄에도 물을 주고 싶으면 짧은 시간 관주하고 멈추는 방향으로 가는 게 좋지 않을까 생각합니다.

8월에 주의해야 할 것

8월이 되면 앞에서 설명했던 자식 현상이 급속하게 나타나는 경우가 많습니다. 몇 개가 눈에 보이면 밭 전체에 닭발 정리를 해 줘야 합니다.

질소분이 많은 토양에서는 7월부터 보이지만 일반적인 토양에서는 8월에 급속하게 나타납니다. 즉 올해 나온 신초의 가지가 굳어지면서 살이 찌기 시작하는 겁니다.

그러면 아래쪽의 화속이나 꽃눈이 껍질 속에 묻히면서 죽어 버리는 현상을 말합니다. 이런 현상이 생기는 것은 체리나무 교목이고 특히 10m 이상을 자라는 나무이다 보니 성장력이 급속도로 진행합니다.

올해 나온 신초의 모든 두께가 아래쪽에 있는 주지나 부주지의 두께가 되는 조건이 7~8월에 맞춰집니다. 더군다나 우리나라에서는 3차 어떤 나무는 4차 성장도 일어나는 경우가 흔합니다. 다시 성장하려면 기존 자란 가지는 굳어지면서 굵어져야 몇 개의 신초를 동시에 발생시킬 수가 있습니다.

이때 아랫부분의 눈이 껍질 속으로 파고 들어가면서 죽는 경우를 말합니다. 이렇게 안 되려면 성장이 멈추면 닭발 정리를 하십시오.

체리에 석회보르도액을 하나요?

외국 자료에 보면 체리에서 세균성 병이라고 하는 것은 우리가 흔히 말하는 수지가 흐르는 병 이외에는 특별하게 많지 않습니다. 국내의 체리 병충해를 보아도 세균성 구멍병 좀 있는 것과 수지병만 언급될 정도로 체리는 세균성 병해가 아직까지는 알려지지 않았습니다.

자두나 복숭아처럼 같은 핵과류이니까 가을에 보르도액을 한다는 분들이 계시는데 그걸 주어서 약해 피해 보신 분들이 더 많다는 걸 참고해 주시면 좋겠습니다. 저는 권하지 않은 방법입니다.

체리에 낙엽 떨어지라고 요소 좀 하면 좋습니까?

사과나 만생종 자두나 복숭아밭에는 11월경에 낙엽 좀 떨어지라고 요소를 엽면살포하는 경우가 있었습니다만 요즘에는 거의 사용하지 않은 방식입니다. 특히 추운 지역에서는 더더욱 위험한 행동입니다.

초겨울에 엽면살포로 질소를 주게 되면 동해에 더 취약한 논문이나 자료는 수도 없이 많습니다.

더군다나 7월부터 열매도 달고 있지 않은 상태로 여름과 가을을 지난 체리는 더 위험할 수 있는 행동이니 주의하셨으면 좋겠습니다. 이 방법도 저는 권하지 않는 방법입니다.

일찍 낙엽이 졌습니다

사진은 9월 초의 모습입니다. 9월에 낙엽이 지는 이유는 여러 가지입니다. 장마철에 뿌리가 데미지를 입어서일 경우가 가장 흔하고 약해나 비료를 잘못 줘서 낙엽이 지는 경우도 많습니다.

마이신 계통의 약으로 인해 낙엽이 지는 경우는 내년 봄꽃과 열매를 보는 데 치명적인 역할을 하지만 그렇지 않은 경우는 큰 문제가 되지 않습니다. 단지 내년 초봄에 다른 사람들보다 좀 더 부지런해야 합니다.

1~2월경에 나무당 주는 비료가 있습니다. 보통 러시아 쪽이나 추운

지역에서 많이 사용하는 방법입니다. 추운 지역에서는 일찍 낙엽이 지므로 봄에 무조건 이 비료를 줍니다.

바로 설탕 비료입니다. 우리나라에서는 설탕이 비료로 따로 나오지 않기 때문에 설탕을 토양에 주거나 관주로 녹여서 주면 됩니다.

한 주당 반 주먹 정도를 토양에 주고 (이때 나무 가까이에 주면 좋습니다) 2일 이내에 물을 주든지 비를 맞아야 합니다. 아니면 눈 위에 주셔도 됩니다. 저장 양분이 부족하면 봄에 꽃이나 새싹이 올라올 때 힘들어집니다. 그런 조치로 이상 없이 지나갈 수 있으니 9월에 낙엽이 졌다고 너무 고민하거나 포기하지 마시길 바랍니다.

겨울 전정은 언제부터 하면 좋습니까?

저는 겨울 전정은 사과에 적용하고 체리에는 잘 적용하지 않습니다. 식재 1~5년까지는 개화와 동시에 하십시오.

저는 개화되면 가위 가지고 밭에 갑니다. 외국에서도 이런 형태로 많이 합니다. 1~5년 가지는 꽃눈을 보고 아까워서라도 적게 자르라고 꽃 보면서 전정하고 6년 이후에는 많이 잘라내서 햇볕농사 지으라고 이러는 게 아닌가 생각합니다.

6년 이후에는 여름 전정을 과감하게 하십시오. 그러면 개화 시기에 전정은 닭발이나 잘라 주고 말아도 됩니다.

책을 마치며

  처음 글을 쓸 때는 열정이 넘쳐나고 하루에 몇 페이지씩 써내려 가던 게 어느 순간에 이걸 왜 하지 하는 생각, 왜 이런 걸 다 알려 줘야 하지 하는 생각, 이렇게 하면 또 누군가는 웃기지 마라고 비웃고 있을 생각.

  별생각들이 떠올라 한동안을 못 쓰다가 약속은 지켜야지 하는 마음에 다시 쓰기를 반복했습니다.

  부족하고 여러분이 생각하는 부분하고 다른 부분이 많이 있을 수 있습니다.

  18년을 체리 농사를 지으면서 시행착오를 거쳤던 부분들이 아까워서 혹여 다른 분들도 저처럼 18년을 헤매지 않기를 바라는 마음 하나로 이 책을 마칩니다.

  옆에서 격려해 주고 다독거려 준 송순단 여사님과 우리 아이들에게 진심으로 감사를 드립니다.

  그리고 책 언제 나오냐고 채찍질해 준 분들에게 이 자리를 빌려서 힘이 되었다고 감사의 말씀을 전하고 싶습니다.

  여러분 감사합니다.

2023년 8월 날라리농부 이태형

• 부록 •

체리 재배력

예정 날짜	하는 일	내용	참고사항
1~2월	동계 방제	5년 넘은 나무에 이끼제거제 살포	빙초산 또는 이끼제거제 살포
		5년 넘은 나무에 깍지벌레 방제	기계유제 또는 식용유(식물성기름)을 500L 물에 2~3L를 넣고 코사이드와 깍지벌레약을 혼용해서 살포
3월 초	목면시비	열매 열리는 나무에만 시비	칼슘+붕산+황산아연+아미노산(꽃개아미노)+다이센M 혼용살포(침투제혼용)
3월 중순	전정	겨울 전정보다 봄 전정이 좋음	어린 나무는 닭발 전정 위주로 하고 5년 넘은 나무도 닭발 전정 위주로 하면 됨(겹치는 가지는 솎음 전정)
3월 말	목면시비	열매 열리는 나무 위주로 함	3월 초에 하는 목면시비와 같은 비율 단 디이센M보다는 델란 사용을 권함(침투제 안 넣어도 됨)
개화 후 (꽃잎 날린 뒤)	첫 방제	유과 균핵병 방제	살충제+살균제(푸르겐)+아미노산+칼슘 이때 인산가리 천 배 혼용살포
	시비	저질소비료시비	질산칼슘 바닥시비(5kg의 열매당 큰 주먹 한 주먹) NK 이삭거름으로 줘도 됨 처음 식재한 나무 첫해 퇴비나 유박을 이때 줌

방제 후 10~15일	2차 방제		살충제+살균제(후론사이드)+아미노산+마그네슘+황산가리(500g) 엽면시비
	3차 방제		살충제+살균제(실바코)+칼슘+황산가리(500g) 엽면시비
	4차 방제	열과 방지	살충제+살균제(에이플)+액상 규산+황산가리(500g) 엽면시비
수확 7~10일 전	영양 관리	당도 향상 (2번 하실 분은 수확 15일 전부터 하면 됨)	3차 인산칼슘(트리칼골드)+인산가리 살포(만약 비가 온다는 소식이 있으면 액상 규산+칼슘제 혼용살포, 각각 천 배임)
	수확 시기		수확 중에 곰팡이가 생기면 BBT (이산화염소수) 살포
수확 후	방제		살충제+포리옥신+황산마그네슘(500g)+인산가리 엽면살포
7월 초	전정	여름 전정	3~5년생은 닭발 정리 6년생 이상 톱으로 솎음 전정
8월 초	시비	붕사비료시비	붕사비료 300평에 1kg 바닥시비
9월	방제	잎이 노래지며 갈반 현상이 오면	포리옥신+황산마그네슘(500g) 살포 석회고토나 패화석은 2년에 한 번씩 주당 한 포 살포

종류	구입처
꽃게아미노	나라원(041-674-6065) 농마트(070-4406-9224) 농사의달인(051-728-7089)
황산아연비료 건도 트리칼골드	건도산업사(054-261-0529) 농사의달인(051-728-7089) 농마트(070-4406-9224)
보난자 슈퍼	농마트(070-4406-9224)

진정한 농사꾼은
농사를 짓지 않는다

ⓒ 이태형, 2023

초판 1쇄 발행 2023년 10월 31일

지은이	이태형
펴낸이	이기봉
편집	좋은땅 편집팀
펴낸곳	도서출판 좋은땅
주소	서울특별시 마포구 양화로12길 26 지월드빌딩 (서교동 395-7)
전화	02)374-8616~7
팩스	02)374-8614
이메일	gworldbook@naver.com
홈페이지	www.g-world.co.kr

ISBN 979-11-388-2449-1 (13520)

- 가격은 뒤표지에 있습니다.
- 이 책은 저작권법에 의하여 보호를 받는 저작물이므로 무단 전재와 복제를 금합니다.
- 파본은 구입하신 서점에서 교환해 드립니다.